目　录

引言
最早的小屋

建筑与起源

在事物的历史开端，所发现的东西不是它
们的起源之神圣不可侵犯的同一性，而是其他
事物的纠缠，是不一致性。

——米歇尔·福柯（Michel Foucault），《尼
采·谱系学·历史学》（"Nietzsche, Genealogy,
History"）[1]

我感到小木屋有令人生厌的一面。

——斯黛拉·吉本思（Stella Gibbons），
《令人难以宽慰的农庄》（Cold Comfort Farm）

在遍地鲜花的阿尔卑斯山谷，一个尖顶小木屋伫立在山坡上（建筑的起源是否正是这样：荒野中的一个简易小木屋？）。木屋很小，并没有别致的破旧感，也不过分奢华，四周围着松木篱笆，篱笆上缠绕着带刺的铁丝网。篱笆后面，茂盛的树木探出头来，像刺客一样。树叶沙沙作响，农民的孩子吵吵闹闹——当时是1909年，农民尚未从这一带消失。小屋里传来钢琴声，音符试探着从琴键间迈出步子，时而跌跌撞撞，时而步履如风，在寂静的山间清晰可辨。突然，一个长着深色羽毛的东西从窗子冲入小屋，窗户的玻璃瞬间破碎，发出击打铙钹般的刺耳响声，琴声戛然而止，小屋主人古斯塔夫·马勒（Gustav Mahler）惊叫一声，发现来者是一只寒鸦，它在被鹰追赶，鹰和鸦在他的头顶上打斗起来。

数千年来，人们一直这样想象建筑的起源：森林里，有人灵机一动，盖了一个小木屋，开启了建筑的历史（我承认，寒鸦和作曲家并非故事里的常客）。回溯建筑的起源并不仅仅是历史学家的嗜好：许多艺术家和马勒一样，也在"原始"小屋中工作过，而沙滩小屋、树屋、花园小舍的广受欢迎，则意味着类似的做法颇具吸引力。艺术家、度假者、史学家有一个共识，即起源所带有的纯粹特质乃是一种慰藉，回归起点的意义不言而喻。探讨事物的源头能够解答很多问题，但在这个过程中也会产生很多问题。首先，我们可能会问，建筑的源头只有一个还是存在多个？那些含混不清的线索，我们是否就不再细究，而只相信胜利者编写的历史？怎样了解史前建筑？简易的早期建筑物与所谓建筑学意义上的建筑物之间，该怎样划分界限？

　　恐怕最后这个问题有点离题了，我不打算解答它。建筑史学家尼古拉斯·佩夫斯纳（Nikolaus Pevsner）在他的著作《欧洲建筑纲要》（*An Outline of European Architecture*）的开篇傲慢地称，一个自行车棚不够资格成为他的研究对象，因为那根本不算建筑。但我还是要花时间对"自行车棚"背后的故事做一番探讨。至于建筑起源的问题，我作弊了：我并没有在"最开始"时开始（毕竟马勒不是穴居人）；我选择了一个点（可以是某个人住进原始小屋的任意一刻），这个点能引人回想事物的起源。在本书的行文中，我有意地让时间曲里拐弯地或跳跃地流动，有如蛇梯棋的行进，虽然这样或许不够简单明了，但更便于为这个错综复杂的主题理出头绪。本书的十章以建筑物出现的时间顺序（由早到晚）排列，同时也穿梭于时空，结合不同主题，如权力、道德、性等，探讨建筑带来的多元可能性。那么，就让我们沿着马勒的线索，进入荒凉的原始之地：他简陋的工作场所表现出他对返璞归真的渴望。他的渴望，正是我要谈论的主题——建筑的起源。

为远离都市喧嚣，马勒住进了阿尔卑斯山，前后住过三间小屋（Häuschen），除了在维也纳和纽约指挥交响乐团，他都住在这里，这期间他完成了他的主要作品。前文描述过的木屋是马勒住的最后一个小屋。小屋坐落在意大利提洛尔（Tyrol）地区多比亚科（Toblach）的一处庄园里，他生命中的最后三个夏天便是在这里度过的。多比亚科远离维也纳的喧嚣和暑热，20世纪初仍是一派工业革命前的乡村景象。然而，乡村生活把马勒逼疯了。在给妻子写的信里，他抱怨居民太吵，字里行间满是怒气："如果农民天生都是聋哑人，那么住在乡下该是件多美的事啊！"[2] 又一封写道："如果一个人能有几亩地，然后用篱笆围上，独自住在里面，那这个世界就太美好了。"[3] 但他的小屋并没能让他与世隔绝，避开令他生厌的居民。农民会扒着五尺高的篱笆要钱，于是他在篱笆上缠上了带刺的铁丝网。就算这样，一些无形的东西还是干扰了他，比如农场的各种噪音。他曾问房东："怎么才能让公鸡不打鸣？""简单。"房东说，"拧了它的脖子。"[4]

除了乡村生活中的一些常见烦扰外，一些其他因素亦让马勒无缘田园牧歌般的日子：1907年在阿尔卑斯山度假期间，马勒的幼女死于肺炎；1910年在多比亚科期间，马勒发现妻子与建筑师瓦尔特·格罗皮乌斯（Walter Gropius）有婚外情，精神一度崩溃。格罗皮乌斯是包豪斯学校（Staatliches Bauhaus）的创始人，曾设计建造位于柏林郊外的原始木屋"夏之屋"（Sommerfeld Haus）。心碎的马勒当时还患有心脏病，次年春天便离开了人世。这样看来，就算钻进小屋、躲进围栏，似乎仍然难逃与尘世的干系。

像马勒这样找一个简易小屋工作的艺术家、作家不在少数。有些人的创作灵感似乎就来源于独处，来源于最原始的建筑，就像在创作新画作前要把画板擦干净一样。马克·吐温（Mark Twain）、弗吉尼亚·伍尔芙（Virginia Woolf）、迪兰·托马斯（Dylan Thomas）、罗尔德·达尔（Roald Dahl）和萧伯纳（George Bernard Shaw）都在小屋里搞过创作，萧伯纳的小屋甚至建在旋转装置上，可以随着阳光的移动而转动。海德格尔（Martin Heidegger）和维特根斯坦（Ludwig Wittgenstein）曾在陋舍里思考哲学；高更（Paul Gauguin）则逝世于南太平洋一带的一个木屋，身边围着未成年岛民——他称这间小屋为"欢愉之屋"（maison du jouir）。高更曾在法国政府的资助下前往波利尼西亚，政府寄希望于高更考察并描绘当地的风土人情，进而以之作为"主旋律"广告，激励其他殖民地居民；然而，来到波利尼西亚的高更却无心观照资产阶级对家庭生活的热爱，只顾着描绘想象中的原始文化，同时又用梅毒玷污了它。

亨利·戴维·梭罗（Henry David Thoreau）是"小屋艺术家"的鼻祖。1845年，他在朋友爱默生（Ralph Waldo Emerson）的庄园里盖了一间小屋，既能亲近自然，又无须承受地处偏僻之苦。正如梭罗在《瓦尔登湖》（*Walden*）一书中所述，他回归原始并非抵抗现代。其中一章，梭罗描写了他在小屋里听到的各种声音，这些声音，也正是田园生活的要素：啾唧鸟鸣、远处传来的教堂钟声、"一头奶牛忧郁的叫声"等等。同时，他也描写了过路火车的声音："火车的汽笛声钻进了我在林间的夏与冬，那声音就像鹰的嘶鸣。"与马勒不同的是，梭罗并没有被这些或人为或自然的声响搅得心神不宁，反而欣然接受它们，并把它们当作外界同自己的交流。在梭罗看来，人类和机器是与大自然和谐共处的，而非侵入大自然的异物。他会沿着铁路走到最近的村庄，并说自己"是通过这条铁路而与社会相连的"。[5]

德国黑森林的托特瑙贝格（Todtnauberg）有一间没通水电的小木屋，一位作家曾隐居于此。他的"返璞归真"却有些令人担忧——他就是德国哲学家马丁·海德格尔。在这间小屋里，他完成了多部作品。1933年，时任弗莱堡大学（Freiburg University）校长的海德格尔曾在这里为师生们举行篝火晚会。会上，他们讨论了德国大学的纳粹化，因为海德格尔早已宣布自己将归顺当时的新政权。他们四周是阴暗的森林，跳动的火苗照亮了他们热切的脸庞。倒不是说住小屋的人都是坏人。海德格尔虽然在政治观念方面问题重重，但他有关建筑的一些理念还是可圈可点的。他认为，居住行为对建筑物产生的影响，和建造者一样深远；而他对风土建筑的强调，则是对忽略经验与非专业人士的建筑观的一种矫正。但是，回溯建筑起源时，他的观点还有待商榷。在海德格尔的哲学理论体系中，建筑的复杂性被简化为"居所"这个概念，与梭罗的观点大相径庭。为了"本真地栖居"（dwell authentically），海德格尔主张摒弃各种科技，因为科技切断了人们与事物、与环境之间形而上的联系。当时，梭罗俨然已属于一个逝去的世界了。在《瓦尔登湖》出版一个世纪后，德国人对科技进步的看法发生了翻天覆地的变化，尤其是那些右派分子[海德格尔深信不疑的"根源性"（rootedness）与纳粹"血与土"的理论有相似性。尽管血统与土地间的联系实则是站不住脚的，它却成为人们兴建雅利安民间风格小屋的灵感来源，也成为种族灭绝的灵感来源]。带有讽刺意味的是，虽然"居所"这个概念意在矫正过于理性化的建筑观点，它本身却走向了极端的抽象。同样地，海德格尔将历史视为历史性（historicity），即一种抽象的存在，而非一系列接连发生的历史事件。这种经验形而上学切断了因果间的联系，也脱离了伦理道德的约束；海德格尔从未真正地就支持纳粹道过歉。他的小屋与社会、与现代性相隔绝，而在回归建筑起源的过程中，又与历史隔绝开来。就这样，小屋成了他放松身心、抛却责任的理想之所。

◇

　　不仅仅是超凡脱俗、不食人间烟火的作曲家、哲学家对住小屋情有独钟，住小屋亦是流行于普罗大众之间的休闲方式。达恰（Dachas）是一种带有护墙板装饰的俄罗斯乡间住宅，其数量之多，使俄罗斯成为世界上拥有两处住宅人口最多的国家；日本有不甚坚固但不失美好的茶屋；珊瑚礁景区的五星级沙滩小屋数见不鲜；德国铁路沿线有不少避暑别墅，别墅周围随处可见花园小人偶的身影；英国则流行着沙滩小屋……它们的存在，反映了人们对简朴生活的普遍向往——当然，到这类小屋度假的游客基本不需要在桶里如厕，怀旧之情（nostalgie de la boue）通常不必来得过于写实。我们，包括前面提到的诸位艺术家，对简朴生活产生种种向往，无不是受到了卢梭及其拥趸的影响：住进"高贵野蛮人"的陋室，按照浪漫主义作家的逻辑，便可洗去文明造成的堕落。①

　　对于上文描述的"小屋客"来说，小屋就像一处被历史遗忘之所，住在里面可以清零过去，重新开始，虽然装出来的原始感未免失真。在现实世界中，小屋的确承载着历史——大多和公民权利的被剥夺脱不开干系。那些小屋屋顶易漏，卫生条件差，到处是害虫，且无法抵御寒风，更不用说滑坡、地震、野火、海啸等自然界的杀手。若想找寻一处前浪漫主义时期的英国小屋，能找到的只有陋室（hovel）。事实上，"小屋"（hut）这个词直到17世纪才开始通行。陋室不是高贵原始人的住所，而是给农奴住的。李尔王从皇宫被流放到陋室，这种天壤之别带来的落差几乎令人失语，四周扑来的尽是可悲的荒谬感。在一系列政治革命和工业革命推翻了欧洲的旧政权后，可怕的陋室随之而去，封建时代生活的不堪记忆也渐渐淡去，安稳美好的小屋再度回归人们的视线中。但一些封建时代的印记还是遗留到了今天。巴厘岛的五星级沙滩小屋，就是玛丽·安托瓦内特（Marie Antoinette）王后那凡尔赛宫的假农舍的现代

---

① 卢梭认为，人在自然状态下是天性无私、崇尚和平、无忧无虑的，而贪婪、焦虑及暴力等许多负面情绪都是文明的产物。"许多人竟草率地得出结论：人天生是残忍的，需要借助文明制度来约束。实际上，当大自然让人类同样远离野兽的愚昧和文明人狡黠的智慧时，再没有比原始状态中的人更为高贵的了……"（卢梭，1755）
本书脚注如无特别说明，均为编者注。

版。玛丽王后曾穿着一身真丝材质的"破衣烂衫"在那里假扮挤奶女工；那些地方的存在是为了供玩腻了其他游戏的富人取乐，而宫殿外的居民则不折不扣地过着苦日子。

历史学家回顾过往时，所面对的问题和那些试图借由建筑使时光倒流的艺术家、哲学家、游客是一样的。公元前1世纪，罗马的军事工程师维特鲁威（Vitruvius）写作了《建筑十书》（*Ten Books On Architecture*），书中论述了建筑的起源，是迄今为止最早的建筑类专著。这部作品在中世纪几近被遗忘，直到文艺复兴时期才重回学者视线，继而被后代建筑师奉为圭臬。在《建筑十书》中，维特鲁威说，鸿蒙初辟的时候，人类就像动物一样，茹毛饮血，择洞而居。一天，一场森林大火把人类聚集到了一起，因为他们感受到了光和热。于是，人们开始交谈，并开始一起生活、一起搭建简单的住所——一些人用树枝和叶子盖房子，一些人在有遮盖的洞穴里安家，还有些人仿照燕巢，用枝条夹泥搭建房子。人类本着和平竞争的精神努力优化自己的房子，因而房屋的质量也随着时间的推移逐步提高。最后，维特鲁威说："住宅的起源即如上文所述，从今天使用着类似材料的外国部落建筑就可略见一斑。"[6]（"外国"向来是"落伍"的代名词。）作为军事工程师的维特鲁威参与过殖民地军事基地堡垒的建设，其间，他接触到一些部落，并把这些部落的建筑物视为原始建筑的案例。这一切赋予了维特鲁威有别于他人的思路，令人诧异的是，在这充斥着侵略、傲慢与偏执色彩的氛围中，维特鲁威居然还推论出是"和平竞争"的精神推动了建筑革新。

维特鲁威猜测，他置身其中的希腊罗马建筑，最初和他所对抗的那些外国部落的建筑一样简陋，就连最宏伟的神庙也是仿照最早的木屋建的。他还推论，刻在大理石上的装饰图案源自木结构建筑的功能元素。他认为，是才华横溢的希腊人为呆板的小屋赋予了完美的人体比例。他在《建筑十书》中首次对柱式进行了分析：柱式的意义在于根据柱子的比例与装饰种类，区分不同类型的建筑物。他说，每种柱式都脱胎于人类的不同体型：多立克（Doric）柱式简约稳健，源于男性的比例；爱奥尼（Ionic）柱式精致且带有装饰，源于女性的比例；科林斯（Corinthian）柱式修长且装饰繁多，源于处女的身形。

维特鲁威对于建筑学意义上建筑起源的阐述充满魅力与想象，但他笔下的"童话故事"仍有着阴暗的一面：意大利人的身体是所有种族中最美的，他们注定将统治世界，意大利的建筑亦将称霸天下。这种荒唐而偏执的观点在当时的纳粹理论界俯拾即是。这些理论家认为德国小屋犹如雅利安农民的笑脸，而现代主义的建筑则像"他者"的脸，"单调"且"浮肿"。[7]

让我们从维特鲁威的时代快进1500年，来看看另一个有
关建筑起源的故事。1851年，伦敦水晶宫（Crystal Palace），
万国工业博览会上，一位流亡海外的德国革命者正在研究这
个世界最大帝国搜刮来的战利品，他名叫戈特弗里德·森佩
尔（Gottfried Semper），曾是萨克森国王的御用建筑师。在杂
乱的战利品中，他注意到了一间西印度群岛的简陋小屋，它由
竹篾编成，被他称为"加勒比小屋"（Caraib cottage）。正是在
伦敦流亡这些年里，森佩尔构思了他的巨著《技术与建构艺术
中的风格问题》（*Style in the Technical and Tectonic Arts*）。这本
书虽然晦涩难懂，却极具影响力。在书中，他主张建筑起源于
他在水晶宫看到的那种简单小屋。森佩尔对原始建筑的描述看
似重复了维特鲁威的观点，但与强调人体比例的维特鲁威不同
的是，森佩尔专注于四种基本技术——编织、制陶、木工和石
工——以及借由这些技术创造出的抽象空间。他说，加勒比小
屋的重大意义在于："它以最原始的面貌展示了古代建筑的所有
元素：以壁炉为中心，环绕的墩柱将地板抬高，形成露台，柱
子支撑起屋顶，并以编织而成的屏障围出空间界限或墙面。"[8]
这一观点对日后强调空间与体量间抽象互动的现代建筑产生了
深远的影响。或许你认为森佩尔的观点剔除了维特鲁威观点中

的种族歧视隐喻是进步的表现,但不容忽视的是,森佩尔的抽象想象亦与彼时特殊的时代背景不无关系。正是这一特殊背景,使他得以在1851年世界最大、工业化程度最高的市中心与西印度群岛小屋相遇。这个小屋之所以出现在伦敦,是因为大英帝国把加勒比变成了一个由奴隶支撑起的赚钱机器。这个小屋不是什么抽象空间,而是某个流离失所的原住民曾经的家(加勒比人因抵制被奴役,很快便被赶出了他们生活的岛屿)。与维特鲁威想象中最初的小屋如出一辙,作为19世纪建筑学研究对象的第一间小屋也是殖民地一个属民的住所,扩张战争使它进入了理论家的视野。维特鲁威在著作中并未对这方面加以关注,而现实中的那个小屋很可能和其他小屋一样,已经被烧掉、被摧毁,早就不复存在了。

　　无论是在古罗马还是维多利亚时期的伦敦,对于建筑史开端的想象,往往意味着他人建筑的终结。约瑟夫·康拉德(Joseph Conrad)在小说《黑暗的心》(Hart of Darkness)中探讨了这种暗含暴力的辩证关系。故事的叙述者沿刚果河而上,寻找一个名叫库尔兹(Kurtz)的叛逃的比利时商人。也有说法认为这实则是一趟穿越时空、回到过去的旅程。一路上,叙述者遇到了好几个欧洲人,他们不约而同地为库尔兹唱赞歌,说他能说会道、有艺术造诣,是个天才。但是当我们最终到达库尔兹的贸易站时，眼前的景象却令人大跌眼镜、失望不已。我们久闻大名的这个欧洲人竟然精神错乱，而他回归野蛮主义的第一个迹象，就体现在建筑上。叙述者透过望远镜，望见远处一栋摇摇欲坠的建筑。评论了一番屋顶上裂开的大洞后，他补充道：

此地没有任何围栏或栅栏；但可以看出以前是有的，因为房子附近还有五六根排成一排、经过粗糙装饰的细长柱子，柱子顶端有球形雕饰……然后，我透过望远镜一根又一根地仔细观察，竟发现我完全判断错了。这些球体不是装饰，它们别具象征性，意味深长又令人困惑，引人注目又使人不安——会让我们在脑海里咀嚼一番，天上飞着的秃鹫如果看到它们，或许也想咀嚼一番。[9]

柱子顶部的那些球体，是龇牙咧嘴状的风干人头。这些"意味深长又令人困惑"的装饰，象征着起源点的暴力，即森佩尔的抽象空间和维特鲁威的田园神话中所暗含的暴力。在这里，如果我们认为沿刚果河而上是一趟穿越时空、回到过去的旅程，那么建筑发端于人类合作的观点，就会因柱子上的人头而站不住脚。有一种说法认为，柱子上的人头这一设置，意在羞辱才华横溢、将人体比例移植到神庙建筑的希腊人。《黑暗的心》写于19世纪与20世纪之交，正值欧洲帝国主义扩张的全盛时期，几乎全世界都在西方人的掌控之下，但包括康拉德在内的一些人开始觉察到哪里出问题了。尽管康拉德试图揭露殖民主义者的残暴行径，但他的措辞中同样充斥着对非洲人的蔑视（他把灵巧的非洲人比作穿着马裤的狗，这个例子着实令人难忘）；在当时的比属刚果，上千万人相继送命。[10] 后来，欧洲人用来对付"他者"的恐怖手法终于被带回故土，在1914—1945年间用在了对付自己人身上，比如英国人在布尔战争（Boer War）中发明的特殊原始住所：集中营。

◇

两次世界大战过后，欧洲患上了"炮弹休克症"，与过往的关系受到重创，历史观开始混乱。这种现象引发了对建筑的原始主义想象。1946年法国抵抗运动之后不久，塞缪尔·贝克特（Samuel Beckett）写下了短篇小说《初恋》（*First Love*）：

> 天开始转凉，出于一些没必要告诉你这娼妇的原因，我躲进了在一次短暂造访时发现的废弃牛棚。牛棚坐落在田间一隅，在这片田地上啊，荨麻比草多，泥土比荨麻多，但是底层土壤或许品质优良。牛棚里遍地都是干了的空心牛粪蛋儿，用

手指轻轻一碰，牛粪蛋儿就放了气，瘪下去了。正是在这牛棚里，我人生中第一次（如果不是得省着点用氰化物，我会毫不犹豫地说"也是最后一次"）不得不在内心对抗一种令我沮丧的感觉。那种油然而生的感觉，有个可怕的名字——*爱*。[11]

贝克特小说中的叙述者把我们带到了他原始的避难所——一个废弃的牛棚。这让人想起了另一种比颂扬返璞归真的浪漫主义还早出现的原始主义：维吉尔（Virgil）等古代诗人所歌颂的简单的牧羊人小屋。贝克特则指出，为传统田园诗所津津乐道的小屋，常常遍地粪便；尽管如此，它仍是萌生爱的地方（创造生命之地），也是文学创作之地，因为叙述者说："我发现自己在一块年代久远的小母牛粪便上，刻下'Lulu'（露露）这几个字母。"在偏离历史主题之后，贝克特残酷地揭露了爱与艺术的致命弱点，也批评了人们对爱尔兰人由来已久的幻想：

除了人口稀少之外（无须使用任何避孕手段），我国的魅力还在于，一切都遭到抛弃，唯有历史的古老粪便例外。那些粪便备受珍视，被做成标本，让人们虔诚、恭敬地捧着。无论哪个令人作呕的时代在哪里排出一大坨粪便，总会有爱国之士前仆后继地前去膜拜，满脸的激动。[12]

　　他无辜地补充道："我看不出这些话语之间有任何联系。"但此时此刻，时间、爱情、历史与创作似乎在"粪便"中融为一体。然而在欧洲的城市里，可嗅的古建筑粪便已为数不多——大都被纳粹德国空军和英国皇家空军炸没了。石板已被擦干净，是重新开始的时候了。

　　在这片战争的废墟上，还算乐观的原始主义出现了。1956年，伦敦举办了一场名为"这就是明天"（This is Tomorrow）的展览。人们通常将这场展览视为波普艺术（Pop Art，即流行艺术）诞生的标志。展览中，高雅文化与商业色彩的融合受到大力颂扬，其中流露着调侃式的讽刺。然而，有一件展品却显出截然不同的调性：参观者走进用木头围着的凸起空间（难道这是回到了马勒曾居住的阿尔卑斯山谷？），会发现一片布满垃圾的荒废沙地（毫不夸张），沙地中间立着一个千疮百孔、摇摇欲坠的棚子，棚顶由塑料波浪板制成。参观者行走在这个结构里，走到敞开的正面时，便能看见棚里的"居民"：一个巨大的拼贴出来的头颅，怪诞而苍老，被剥了皮，除了头骨外，全被烧光了。凑上前去仔细看，会发现那是由许多零星片段组成的，其中有放大的显微镜影像、烧焦的木头和生锈金属的照片，以及一只旧靴子的图像。这个装置艺术名为《天井与亭》（*Patio and Pavilion*），由四人共同完成：艾莉

森·史密森和彼得·史密森夫妇[Alison and Peter Smithson，粗
野主义（Brutalism）先驱，设计建造了颇受争议的公共住房
项目"罗宾伍德花园"（Robin Hood Gardens）]、画家爱德华
多·保洛齐（Eduardo Paolozzi），以及摄影师奈杰尔·亨德森
（Nigel Henderson）。该作品是他们想象中的经历过核爆的一间
小屋——20世纪50年代，核战就像盘旋在人们头顶上的毁灭天
使。展览上的其他作品不约而同地歌颂了西方消费主义，而在
这件装置艺术品中，消费主义元素却低下了头，并被以怪诞的
形式重组，转化为扭曲的过往文明遗迹。立在中间的那个供人
类遮风避雨之所，就是用各种残骸碎片做成的。这是在提醒我
们，布新必先除旧。回顾这次展览时，史密森夫妇注意到那段
时间他们的心境与贝克特十分相似，而这个拼贴出来的作品则
表现出了贝克特疲惫的坚持："我无法前行，我仍将前行。"这
几个字浓缩了建筑令人苦恼的复杂性。在20世纪接连不断的恐
怖恶行之下，所谓进步（包括建筑上的进步），更像是个虎头蛇
尾的谜题。书写历史往往是一个制造神话、编造历史的过程，
其本身疑点重重，然而，抛弃历史将更加危险，毕竟用那些碎
片残骸，还能拼出能住的东西。

◇

在本书中，我将穿越古今、横跨东西，探讨十座建筑：从

古巴比伦、近代北京，到当代里约热内卢。此间，我无意于以某条线索串联起这些建筑，而是会关注差异，即时空的特殊性。虽然每章各有主题，比如本章谈的是起源，后续章节将谈论性、工作等等，但我不会像森佩尔或海德格尔那样把历史排除在外，只讲抽象的建筑概念，比如体量、住居或其他建筑评论家偏爱的术语。希望读者借由本章关于起源的讨论，一窥本书丰富善变的旋律：这些主题不断变换着面相，以不被人看穿其中的秘密。其间，它们就如同建筑物本身，会随时间推移而发生变化，因为人们会赋予建筑新的含义，并对它们进行利用、颠覆、扩张或摧毁。在刘易斯·卡罗尔（Lewis Carroll）的诗歌《猎蛇鲨记》（*The Hunting of the Snark*）中，史纳克（Snark）必须动用铁路股票、叉子与希望来捕猎；在本书中，我亦将使用不一样的处理手法，其共同目的是探索建筑与人类生活之间的互动（建筑形塑人类生活，反之亦然）。建筑是人类最绕不开的艺术形式：你可以不赏画、不听室内音乐，必要的话，也可以不看电影，不拍照片，但即便是在沙漠旷野中过着游牧生活的人，也要住在帐篷里。无论如何，人都活在建筑之中，相应地，建筑也存在于芸芸众生之间，继而构成人类社会、生活、思想中不可或缺的一部分。

第一章

巴别塔，巴比伦

（公元前650年）

建筑与权力

　　巴比伦必将变成废墟瓦砾、野犬之穴，令
人恐惧，被人嘲笑，无人居住。
　　　　　　——《圣经旧约·耶利米书》51：37

1917年3月，英国军队挺进巴格达，占领了前奥斯曼帝国的重要油田。这迫使德国考古学家罗伯特·科尔德威（Robert Koldewey）离开了20世纪最伟大的考古发现之一：古巴比伦城。1898年以来，科尔德威一直在美索不达米亚（今伊拉克）一带进行考古发掘。这片肥沃的"两河流域"曾是古巴比伦王国所在地，也是考古界认定的文字、建筑和城市的诞生地。[①] 当时，科尔德威已将宏伟的伊什塔尔门（Ishtar Gate）运回柏林，并开始挖掘空中花园（Hanging Gardens）遗迹（后来证明，这处遗迹并非空中花园）。

他最有趣的发现之一是一个矩形坑，坑里满是死水。与装饰着闪闪发亮的蓝色瓷砖的伊什塔尔门相比，这个坑在形态上显得逊色，但它依然引人注意，因为它是几千年来只存在于传说中的建筑物——巴别塔（Tower of Babel）——的地基。建造这座塔的巴比伦人称这座塔为"七曜塔"（Etemenanki），意为

---

① 本着我在引言中否认起源唯一性的理念，在此我应补充，这些事物并不为巴比伦所独创，其他几个地方，包括长江流域，皆各自造出了这些事物。——原书注

"天地之基的神塔"。巴别塔是一座巨型塔庙（阶梯式金字塔形神庙），顶部设有一座供奉马尔杜克（Marduk）的神庙。传说中，马尔杜克长着胡须，令人生畏，他不仅是人类的创造者，也是巴比伦的守护神。尽管早在耶稣基督诞生前的好几个世纪，巴比伦城和它的守护神就消失了，但巴别塔却借由绘画、传说、战争和革命，在人类的想象中徘徊了2000多年。巴别塔是一个有力的双重意象，代表了建筑与人类在权力上的博弈。解读这一意象时，既可以说巴别塔压迫了被迫建造它的人，也可以说，是巴别塔解放了他们，使他们团结起来，竭力守卫自己的权力。

这座建筑的正反两面，好比相对而立、相互映照的一对双塔，你中有我、我中有你，随着时间的推移而走向永恒。巴别塔、巴士底狱、世界贸易中心……在历史长河中，人类不断兴建像巴别塔这样的纪念碑式建筑。这些建筑将权力彰显得淋漓尽致；类似的，监狱、宫殿、国会或学校建筑，亦是权力的载体；即便是服务于平民百姓的建筑，无论是住宅还是花园小屋，无不在日常生活中或隐或显地传达、维系着权力关系。在建筑与人类的历史中，权力是个频繁出现的主题，本章将围绕宏伟的建筑，讲述它们经受过的反抗，无论这反抗发生在巴黎、纽约，还是巴格达——巴别塔遗迹就位于巴格达的一处大型油田上。今天，石油是世界上最强大的权力载体，而石油的故事也与建筑的历史紧密相连，跌宕起伏。布莱希特（Bertolt Brecht）曾写道："石油的故事跳出了五幕剧的传统叙事：在当今世界，灾难并非以线性方式展开，而是暗藏在循环不断的危机中，其间力挽狂澜的'英雄'随着灾难的发展而不断变化；同样，巴别塔的故事中也主角众多——劫机者、考古学家兼间谍、反传统者和国王。"[1]那么，就让我们进入时光隧道，沿着入侵伊拉克、"9·11"事件、世界大战、巴别塔的再发现、在中东寻找石油的轨迹，回到圣经时代的开端。

巴别塔最为人熟知的故事出自《圣经》。据《创世记》所述，鸿蒙初辟，人类聚集一处，决定建造"一座高塔，塔顶通天"，"以立我名，以免走散"。但是，当上帝注意到他创造的人类在搞什么名堂时，他表现出了一贯的小气。"看，"他抱怨道，"人类已然成为一体，还使用同一种语言；然后他们就开始搞这个，以后他们岂不就无法无天了?!"为了制止人类的滑稽行为，上帝给了他们不同的语言，并把他们分散到世界各地——"上帝在那里打散了人类、搅乱了语言，因此那座城名为巴别①。"[2]

①"巴别"与希伯来语"搅乱"发音相近。——译者注

　　这则简练的故事阐明了建造者的乌托邦愿景，也表现出了建筑终将面临的局限。这个故事通常被理解为对狂傲的警示，比如公元1世纪投靠罗马的犹太人弗拉维奥·约瑟夫斯（Flavius Josephus）就是这样解读的。他误认为当时领导巴比伦的是诺亚的曾孙暴君宁录（Nimrod），这个暴君要人民相信他们自己掌握着获得幸福的权力，而无须依靠上帝。"他还说，如果上帝想再次淹没这个世界，他就会找上帝报仇；为此，他会建造一座高塔，高到水无法没过！这样，他就可以找上帝报毁灭祖先之仇！"[3]这种解读无疑巧妙地归纳了建造者的动机，但若仔细琢磨这则圣经故事，便会发现它并没有明确指出狂傲就是人类的罪行。故事看似简单，却有模棱两可之处：究竟是巴别塔的建造者还是报仇的神祇在为人类谋幸福？从前者的视角看，巴别塔体现着人类的团结，上帝阻止建塔是因为他心生嫉妒，不容任何人挑战他的权力；从后者的视角看，故事或许暗示着上帝将人类从巴比伦暴君的统治中解放了出来，使他们免于为一个巨大而无用的形象工程卖苦力。这种模棱两可的情况在建筑史上比比皆是：建筑既可以赋予人类权力，也可以奴役人类。有时，这种两面性会体现在同一个建筑中。

　　巴别塔不单单是一个寓言，其中亦含有历史事实。实际上，犹太人与巴比伦城的渊源颇深，即便这是他们不情愿的。

经历了"巴比伦之囚"50年的漫长岁月后，犹太人揭竿而起，想要推翻尼布甲尼撒二世（Nebuchadnezzar II）的统治，但以失败告终。作为一个复兴伊始之帝国的统治者，尼布甲尼撒在他的奴隶大军的"少许"帮助下，曾耗时多年重建首都，企图重现昔日的辉煌。大兴土木是控制等级森严的社会的一种方式，类似埃及金字塔、中国长城、斯大林的白海运河（White Sea Canal），尼布甲尼撒的工程完全是由囚徒完成的，苦命的他们就像后来在埃及的犹太人一样，"和泥做砖，痛苦劳作"[4]。

随着重建工作的开展，尼布甲尼撒打造出了一座崭新的都城，重建了毁于公元前689年亚述人入侵时的金字塔形神庙。这座巨大的神庙矗立在都城中央，供奉着马尔杜克神。巴比伦人花了一个世纪来重建巴别塔，终于在尼布甲尼撒统治期间，在塔顶建起了一座贴着蓝色瓷砖的神庙。巴别塔矩形平面的比例，很可能依据的是被希腊人称为"飞马"（Pegasus）的星座。古老的碑文用"直抵星辰"来描述巴别塔，而对于祭司来说，高塔顶部的神庙或许是个绝佳的观星台。这是让建筑与文化（包括信仰体系及统合文化的高压政治）融为一体的一种方式，即让建筑看似属于恒定的、无可置疑的大自然的一部分，成为第二自然。由此，尼布甲尼撒的皇权也被赋予了不可撼动之感，就像塔顶坚固的庙宇与恒定的星座轨迹一样。类似的建筑会对民众形成一种威慑，让人觉得现行的体制应该永远存在下去。正是出于这个考虑，许多银行、政府和大学建筑都模仿了古代神庙。

除了大兴土木外，尼布甲尼撒也破坏建筑。公元前588—前587年，为了报复犹太人起义，他夷平了犹太教中最神圣的耶路撒冷圣殿。随后，他将犹太人全部驱逐到自己所在的城市，以便密切监视这些不服管教的反叛者。这就是犹太人大流散的开始：大批犹太人离开了应许之地，难怪他们对殖民统治者兴建的建筑有着持久的负面记忆，并梦想着尼布甲尼撒的都城被神所灭。先知耶利米（Jeremiah）可能也曾被困巴比伦城，他曾做出可怕的预言，指出这座骄傲的城市终将灭亡："这片土地将会战栗，将会贫瘠；造物主对巴比伦的旨意立定不移，要使巴比伦成为一片荒凉的无人之地。"[5]《新约》结尾处，耶利米的预言再次出现，在这里，巴比伦城幻化为一个骑着七头兽的女人，做了最后的亮相。圣约翰想象中的巴比伦，影射的是彼时迫害基督徒的罗马。直接批判罗马似乎太冒险了，但其所传达的信息相当明确："倾倒了！那座叫人喝淫乱之酒的巴比伦城倾倒了！"[6]至此，巴比伦已沦为罪恶之城。几千年来，巴比伦一直是城市罪恶堕落的代名词——迪斯雷利[1]在1847年将伦敦称

---

[1] 迪斯雷利（Benjamin Disraeli，1804—1881），英国保守党领袖，两度担任首相。

为"现代巴比伦"。拉斯特法里教①及受其启发的雷鬼（reggae）音乐，则将"巴比伦城"这一形象延伸至整个西方社会文明，以之指代由堕落为腐败官僚的自然人②构成的社会环境。

几个世纪以来，前往美索不达米亚的基督徒在思考巴比伦的灭亡时，总是绕不开这些圣经故事；与古埃及留下的灿烂遗迹不同，巴比伦的"缺席"才是意义所在。这片荒芜的沙漠向人们证明了《圣经》的真理与有力的政治寓言，用16世纪德国旅行家莱昂哈德·劳沃尔夫（Leonhard Rauwolf）的话说，巴比伦城的覆灭是"给所有狂妄自大的暴君上的最有力的一课"[7]。这话其实不无道理，因为最终的确是狂妄自大摧毁了巴别塔，无须任何神祇的干预。亚历山大大帝自称是神，他狂妄自大，南征北讨时曾指定巴比伦为帝国首都。巴比伦城历史悠久、规模宏大，无疑令自我膨胀的他青睐有加，在妄想症的指引下，那长达8.4公里、厚达17—22米的巨型城墙，更是有着巨大的吸引力。然而，当亚历山大大帝在公元前331年进入这座城市时，却发现它已风光不再，巴别塔也破败了。于是，和之前的尼布甲尼撒一样，他决定重建巴别塔。但亚历山大大帝向来不

---

① 拉斯特法里教（Rastafarianism），20世纪30年代兴起于牙买加的基督教宗派，信仰者多为较贫穷的非洲人。

② 自然人（natural man），语出《圣经·哥林多前书》2:14，特指只凭借动物本能行动的人。

是一个喜欢折中方案的人——他所谓"重建"，指的是从零开始。他命令一万人清理遗址，计划在两个月内用手推车运走成堆的泥砖。可刚过了一个月，他就去世了，年仅32岁，重建工程遂就此作罢。

《圣经》没有详述巴别塔的外观，我们可以通过其他资料大致了解一些。古希腊历史学家希罗多德（Herodotus）称巴别塔共八层，塔顶有一座神庙。公元前229年的一块楔形石碑大致证实了他的描述。不过，希罗多德不太可能亲自去过巴比伦，他的描述是为了证明希腊对抗波斯之战的合理性，仅仅是拼凑了一下各种谣言，并不可靠，其中还含有一则神下凡与女祭司在巴别塔顶交媾的故事。这些不严谨的文字为后人留下了很大的想象空间。文艺复兴时期的画家曾将巴别塔描绘成一个盘旋上升、直抵云霄的圆形多层高塔，其中最著名的当数老彼得·布吕赫尔（Pieter Bruegel）1563年的一幅作品：画面中矗立着一座怪异的巨塔，四周景观完全没有中东味道，看起来倒更像是荷兰。这座塔的一部分看起来像是由原生岩石建造的，代表着建筑与自然的终极合一；画面的前景中，建筑工人暂时放下了手中的工作，向君主跪拜行礼。

巴比伦全凭后人想象，因此它的样子往往和压迫者的形象如出一辙：在圣约翰撰写的《启示录》中，巴比伦既压迫犹太人，又指代压迫基督徒的罗马帝国。1520年，巴比伦又有了新的指代——马丁·路德（Martin Luther）写道："天主教会是真正的巴比伦王国，是的，一个真正的反基督王国！"从那以后，新教徒就一直把罗马教会比作巴比伦。对布吕赫尔而言也是如此，因为身为荷兰人的他，彼时正受着西班牙帝国的统治，于是他便让罗马与巴比伦相呼应。画面中，圆形高塔上的圆拱，就像12年前他造访过的罗马斗兽场遗址，而罗马亦是哈布斯堡王朝（Habsburg）统治者天主教信仰的重镇。但在彼时的荷兰，新教正在崛起，西班牙统治者强制人民信仰天主教的行为激起了民愤。和建造巴别塔的人一样，天主教徒在宗教仪式中也使用同一种语言，即拉丁语，而新教徒则使用多种语言。对于西班牙统治者强加的这种统一性，低地国的新教徒是无法忍受的。值得一提的是，巴别塔的修建并未完工，事实上也无法完工，因为修建塔顶时，地基就已出现裂痕，且没有一层是完整的。在布吕赫尔眼里，西班牙统治者与巴比伦统治者一样傲慢自大，注定了失败的结局。

在布吕赫尔画完那座摇摇欲坠的烂尾巴别塔不过三年后，荷兰就爆发了一场"破坏圣像运动"（Beeldenstorm）。许多参与者是加尔文教徒，这是因为此前不久西班牙对他们的"异端信仰"进行了镇压。流亡到英国的天主教徒尼古拉斯·桑德

（Nicolas Sander）目击了亵渎安特卫普圣母大教堂事件：

> 这一新教的信徒推倒雕像、污损画像，遭殃的不仅仅是圣母像，而是当地的所有圣像。他们撕毁帘幕，将铜制与石制的雕塑统统捣毁，砸掉祭坛，破坏各种饰布，拧弯铁架，拿走或毁掉圣杯和法衣，抠出墓碑上的黄铜，砸碎玻璃，连柱子周围供信徒坐的椅子也不放过……他们把圣坛上的圣体踩在脚下，还在上面（简直难以启齿！）撒尿。[8]

撒尿抗议很快蔓延至整个荷兰。历史学家彼得·阿纳德（Peter Arnade）详尽地记录道："林堡（Limburg）一个叫伊萨伯·布兰切特（Isabeau Blancheteste）的人在神父的圣杯里小便；在斯海尔托亨博斯（'s-Hertogenbosch），破坏圣像者对着神父的衣柜如法炮制；在安特卫普外围的许尔斯特（Hulst），一名破坏者把卸下来的十字架扔进了猪圈；库伦伯赫伯爵（Count of Culemborg）把圣饼喂给了宠物鹦鹉。"[9]除了破坏文物外，还发生了亵渎权威事件，仿佛一场狂欢：一名抗议者兴高采烈地把一个雕塑头朝下地浸入洗礼盘，还大喊着"我给你施洗！"。在安特卫普，人们朝游行队伍中一尊著名的圣母雕像边扔石块边喊道："小玛丽，小玛丽！这是你的最后一次了！"

通过清除教堂和公共场所带有西班牙及天主教色彩的痕迹，破坏圣像者希望净化专制统治之下的建筑与国家。但没过多久，帝国政府便开始反击，成立了地方宗教法庭，约有1000人被以别开生面的方式处决。例如，一个名叫伯特兰·勒·布拉斯（Bertrand le Blas）的人曾在做弥撒时抢走了牧师手中的圣饼，并把它踩在地上，后来他在海诺特（Hainault）的主广场被折磨致死：先被烧红了的钳子烫，这是前奏，然后被拔掉舌头，最后被绑在一根柱子上以文火慢慢烤死。但是新教徒并没有就此作罢。在接下来的"80年战争"（1568—1648）中，荷兰分裂成两个省——北方以新教徒为主的荷兰共和国（Dutch Republic）省脱离了西班牙统治，成为今天的荷兰；天主教徒众多的南方起初仍属于西班牙，后来发展为比利时。与圣经故事中的情节不同的是，"破坏圣像运动"是人（而非上帝）通过破坏代表暴政的建筑来反抗暴政。200年后，法国人则更进一步，直接推翻了暴政本身。

◇

"灼热如地狱；混乱如巴别；嘈杂如末日！"出自托马斯·卡莱尔（Thomas Carlyle）的《法国大革命史》如是描述了巴士底狱的陷落：在这里，"巴别"这个名字再度出现，但不再象征暴政，而是象征《圣经》中所说"变乱"。卡莱尔是普鲁士国王腓特烈大帝（Frederick the Great）的圣徒传作者。在传记中，他热情歌颂传主，反感民主，也不太喜欢革命者。在他看来，革命者往坏了说就是一群疯狂暴民，往好了说也只能说是哗众取宠的小丑。"一个发疯的'做假发的工匠拿着两个火把'去烧'军械库的硝石'，引得一个女子尖叫着奔跑，一个有些自然哲学思想的爱国者立刻站了出来（以步枪柄打他的胃）……"[10]——描述巴士底狱的情景时，卡莱尔字里行间流露着幸灾乐祸之情，但是当他把革命者描绘成乌合之众时，更多表现出的是自己对法国大革命的恐惧和偏见。他是不折不扣的"巴比伦人"，坚信世上应该只有一个建筑师——上帝或君主，那些愚昧的民众不该去烦他。

　　然而，巴士底狱并不是被巴比伦式的变乱推翻的，而是被团结起来抵抗专制压迫的人民推翻的。在这里，可被冠以"现代巴别塔"之名的建筑，当数那有着八座阴森堡垒的监狱——"一个迷宫般的庞然大物，拥有从20年到420年不等的历史，高高在上，皱着眉头。"[11]对法国人来说，巴士底狱无疑是专制的象征，但当它被攻陷后，又变成了自由的象征。就像巴别塔一样，巴士底狱具有双重意象，一场革命，将它的形象由负面转为正面。然而，这种形象却与现实存在出入。

　　尽管有谣言称巴士底狱的秘密地牢里关押着许多无辜的

人，他们被锁在腐烂的骨架上，但巴士底狱陷落后，人们却发现里面只有七名囚犯：四名造假犯、一个疯子、两个有性犯罪史的贵族。他们中，并没有谁能恰当地反映专制压迫。人们攻陷巴士底狱是受到了过去囚犯写下的文学作品的启发，如伏尔泰、狄德罗，以及几个耸人听闻的悲惨回忆录作者。相应地，这次行动也借由一些知名的神秘囚犯而合理化了，其中包括铁面人（仅有一小部分源于现实）和完全虚构的洛日伯爵（Count des Lorges）。这些杜撰的文字实则是集体幻想的产物，反映了人民强烈希望将其革命信仰具体化的心理。目击者信誓旦旦地说，他们曾看见伯爵跌跌撞撞地走在冒着烟的废墟上，在地牢关了40年，他已直不起腰，白胡子有一英尺长，眯着一双鼹鼠般的眼睛望向陌生的太阳。到了1790年，这个想象出的囚犯已广为人知，甚至有人借他之口写了一系列报道，控诉他在囚禁期间所遭受的苦难，同时，他的形象也出现在菲利普·科提尔斯[①]著名的蜡像作品中。

可以肯定的是，巴士底狱作为承载着暴政与自由的双重意象，其生命得到了延续。尽管当时巴士底狱几乎立即被一个名叫皮埃尔-弗朗索瓦·帕洛伊（Pierre-François Palloy）的精

---

① 菲利普·科提尔斯（Philippe Curtius，1737—1794），瑞士医生、蜡像师，杜莎夫人蜡像馆创办人系他的徒弟。

明地产商夷为平地，但废墟上的碎石却成了纪念暴政倾覆的小装饰，被嵌在戒指和耳环上，生锈的锁链则被熔化，重新铸造成奖章。帕洛伊本人也从暴发户变成了革命的捍卫者，他拿出大笔钱财用从监狱卸下的石块雕刻出巴士底狱的大号模型。这些石头被他称作"自由的遗迹"，并由"自由使徒"护送至法国的83个省，大多数省都为此举行了隆重的仪式。"法国是一个新世界，"帕洛伊在1792年的一场演讲中宣称，"为了守住这一胜利成果，必须将这些代表着过去受奴役历史的碎石散播到每一个角落。"[12]他说到做到，并进一步完成这项使命，把巴士底狱遗留下来的石板刻上《人权宣言》，送至法国的544个区。然而，"巴士底狱之旅"没有就此画上句号——那些无形的历史片段就像以风为媒、导致某些致命疾病的孢子一样，传播到了更远的地方，跨越了法国国界，穿越了18世纪，抵达了据说不易改变的东方，飘向美索不达米亚的荒野——巴别塔的故乡。

"在古今如此紧密交织的地方，时光的差异往往会不知不觉地消失。"兼具探险家、考古学家、政界权威与间谍四重身份的格特鲁德·贝尔（Gertrude Bell）在她1911年出版的旅行回忆录《从阿穆拉斯到阿穆拉斯》（*Amurath to Amurath*）的开篇如此写道，依然是贩卖东方的那套陈词滥调。

　　然而，一种新的情况出现了。在这片动荡了几个世纪的荒凉之地，第一次出现了一个力量强大的词，谁无意间听到这个词，都会感到很惊讶，并互相询问其含义。自由——什么是自由？……尽管由一个贝都因人在不经意间随口说出，但改变旋即展开。那种改变令人不知所措，又摸不到头绪，却笼罩着整个奥斯曼帝国。[13]

　　巴士底狱陷落的余震最终波及博斯普鲁斯海峡彼岸：在改革者的压力和民族主义兴起的背景下，奥斯曼帝国风雨飘摇。1908年，"青年土耳其党"（Young Turks）揭竿而起，自由的思想随即传播到帝国的沙漠地带，那是君士坦丁堡一直以来只能微弱控制的地方。正因如此，英国军事情报部门委托牛津大学历史系第一名的毕业生、欧洲首屈一指的登山者、中东问题专家格特鲁德·贝尔在美索不达米亚旅行时关注难以驾驭的贝都因人。英国人巴望着发生"阿拉伯之春"，因为他们想控制这个地区。对多数英国官员来说，美索不达米亚的重要性仅仅在于它临近印度，但一个以海军部为中心的小型权力集团觊觎的却是另一项战利品——石油。这个集团规模虽小，却不容小觑，其成员包括于1911年成为第一海军大臣的温斯顿·丘吉尔。可唯一的问题是，觊觎该地区石油的，并非独此一家。

自19世纪末以来，随着持续的繁荣，德意志帝国（German Reich）的实业家、银行家和官员开始寻找新的市场和原材料，一股新兴力量开始威胁大英帝国的霸权。在殖民地方面，几乎已经没什么油水可捞了，英国早已将世界上大多数弱国据为己有，因此，德意志帝国只得在欧洲的家门口与负债累累的奥斯曼帝国结盟。1889年，双方达成一项重要协议，德国获得了修建穿过安纳托利亚（Anatolia）铁路的特许权。经过延伸扩建，十年后这条铁路将联通柏林与巴格达，这项耗资巨大的庞大工程最终打通了奥斯曼帝国的无人之境，也使德国长驱直入，直抵波斯湾。此前德国海军的迅速扩张已让英国感到紧张，这样一来，英国更是如坐针毡。作为回应，英国在1901年控制了科威特，切断了德国抵达海岸的通道，制造了一个令人不安的僵局。但这一僵局并没有维持多久：1903年，特立独行的英裔澳大利亚百万富翁威廉·诺克斯·达西（William Knox D'Arcy）在附近的波斯（今伊朗）发现了石油，自此一切都改变了。

在"第一海王"杰基·费希尔（Jacky Fisher）的怂恿下，达西坚信石油决定着皇家海军（及大英帝国）的未来，并斥资数百万在中东寻找石油多年。与煤相比，石油更轻、开采难度更低、耗费人力更少，将成为英国舰队胜于德国的一个关键性优势。但事实证明，连富有的达西也负担不起勘探、开采石油的成本了。后来，为管理油田而成立的英波石油公司[Anglo-Persian Oil Company，即后来的英国石油公司（BP）]在财力上也开始捉襟见肘，到了1912年，公司陷入困境，开始寻找可靠的支持者。经过长时间的内部争论，1914年，英国政府在丘吉尔的授意下，秘密收购了该公司的控股权。丘吉尔继续推进着费希尔"石油强国"的计划，而这次收购则来得刚好：就在议会批准丘吉尔提案的11天后，一名奥匈帝国大公在萨拉热窝遇刺。

该地区石油的发现，并没有改变英国人对柏林—巴格达铁路的态度。这条铁路离波斯油田太近，令英国无法释然。此外，英国人怀疑美索不达米亚也蕴藏着大量石油。1912年，精明的德国人设法拿到了拟建铁路沿线一条40公里走廊的矿产勘探权，与此同时，各路银行家、政府官员和投资人纷纷征得狡猾且优柔寡断的高门（Sublime Porte，当时奥斯曼政府的别称）的许可，到美索不达米亚的其余地区寻找石油。

当时还有其他人在美索不达米亚挖洞，但不仅仅是为了石油。德国与英国在争夺这一带的矿产资源及国家的未来时，也想掌握该地区的过往，因此一些人便肩负起了两项紧密交织的任务："阿拉伯的"T.E.劳伦斯（T. E. Lawrence 'of Arabia'）和格特鲁德·贝尔便是将考古与间谍活动结合在一起（劳伦斯以考古勘探为由，监视柏林—巴格达铁路的进展）。几个世纪以来，爱冒险的欧洲人一直在这个地区寻寻觅觅，随着奥斯曼帝国的瓦解，他们愈发明目张胆地加大勘探力度，纷纷将战利品带回家。早期来这里的探险家多为有身份地位的外交官，他们挖掘出的多是些奇形怪状的文物碎片，这是因为他们受到希罗多德等古典时期学者的启发，想要证明《圣经》的历史真实性，并想通过了解这片土地及其居民来获得政治利益。正如马格努斯·伯恩哈德森（Magnus Bernhardsson）所说，这些早期考古学家"拨开了历史的迷雾，因为史料来源不再局限于《圣经》或古籍，而是有形的事物。在这个过程中，历史成了财产"——尤其是欧洲人和美国人的财产。[14]然而，由于欧美学者对"东方"文明有着根深蒂固的偏见，认为比起古希腊文物，这些东方文物相形见绌，一场为近东考古学赢得财政与政府支持的公关战随即展开。

英国人奥斯丁·亨利·莱亚德（Austen Henry Layard）是这一新兴课题的先驱。自1845年以来，他一直在美索不达米亚进行考古挖掘。他寻求大英博物馆的资金支持未果（一名馆方董事称他的考古发现是"一包垃圾"，最适合陈列在"海底"），转而向英美的《圣经》狂热拥护者推销他的著作《尼尼微及其遗迹》（*Nineveh and its Remains*），试图赢得群众基础。莱亚德的一个朋友曾建议他"写一部配有很多插图的'鸿篇巨制'……挖掘古老传说和逸事，尽所能让人们相信你已经证实了《圣经》中的所有论点，这样，你就是一个功成名就的权威人士了！"[15]果然，《泰晤士报》称这本书为"当代最非凡的作品"，该书随即跻身英美畅销书榜；大英博物馆最终开设了一个近东展廊，时至今日，这里仍然陈列着莱亚德发现的浮雕，两只巨大的翼兽在这里守护着。

德国也加入了这场考古战，但格特鲁德·贝尔发现，德国人对待历史的方式很不一样。他们无须依附于大众对《圣经》权威性的兴趣。与英国不同的是，德国政府一直与奥斯曼关系良好，且自始至终支持考古勘探，德国考古学者所采用的方式也和英国大相径庭。贝尔在沙漠旅行时，遇到了许多来自不同国家的考古学家，对于与她惺惺相惜的劳伦斯，她评价他的考古方式过于"老旧"，而德国人对待科学的严谨态度则令她很欣赏。包括发现巴比伦的罗伯特·科尔德威在内的许多德国考古学者都是建筑专业出身，而英国考古学者通常是牛津或剑桥大学的古典学者。因为德国学者具有建筑学专业背景，所以他们设法保护建筑遗迹，不去摧毁任何不易移动的东西。因此，科尔德威挖的大坑能展现出巴别塔的地基，其洋葱般的层次则揭示了几个世纪以来的数轮毁灭和重建。科尔德威是个格外奇怪而难处的人，就连他的朋友也觉得他不可理喻，和他关系最近的一个同事说他是个"异常暴躁的家伙"。所以，读到贝尔认为科尔德威和她志趣相投，着实令人吃惊。不过，贝尔其实也是个另类的人。

身为贵族，贝尔却与贵族圈子格格不入，她终身未婚，但曾与两个有妇之夫发生过两段炽烈的婚外情（尽管主要是书信往来）。对于多数欧洲男人来说，贝尔太聪明、太直率了。日后对中东地缘政治产生巨大影响的议员、准男爵马克·赛克斯（Mark Sykes）曾在沙漠中与贝尔相遇并发生口角。赛克斯认为她是个"高傲自负、夸夸其谈、不男不女、到处乱窜、喋喋不休、平胸、扭着屁股的蠢货"。[16]他还说贝尔是骗子、（我不太敢说）婊子，但后来他发现贝尔简直是个女版"阿拉伯的劳伦斯"，而且根本不怕他的种族歧视（在某个地方，赛克斯曾称贝都因人为畜生）。

1914年3月，贝尔在日记中记录了一次发生在沙漠中的、具有启发意义的邂逅——与科尔德威的对话，其中夹杂着真情的流露和不祥的预兆：

拍了一些科尔德威的照片，然后又和他一起走到圣道上，沿着底格里斯河走到巴比伦。亚历山大就死在这里……"他

死时32岁，"科尔德威说，"32岁时，我才刚刚出校门，而他
已经征服了世界。"遗憾的是，然后死亡降临了，帝国分崩离
析……"在巴比伦时他发疯了，长期酗酒，还被传杀害了朋友。
无论白天黑夜，总是醉醺醺的。"我说："也只有疯子才能征服
世界吧。"[17]

　　之后他们再没见过。那年夏天战争爆发，但科尔德威一直
住在美索不达米亚（当时这里属于奥斯曼帝国，与德国是盟友
关系），直到英国1917年入侵巴格达，他才很不情愿地踏上回
德国的路。不过贝尔没有忘记她这位古怪的朋友，她在1918年
写道：

　　昨天回家的路上，我在巴比伦停留了一下……那一刻，
"过往时光"（Tempi passati）变得格外沉重。尼布甲尼撒或亚
历山大并不令我怀念，我怀念的是往昔在这里觅得的温暖情谊
和挚友，还有我和亲爱的科尔德威共度的愉快时光。就算把他
视为陌生的敌人也无济于事，站在空荡荡的、满是灰尘的小屋
里时，我心痛欲裂……这个德国人曾和我兴致勃勃地谈论关于
巴比伦的计划……谁知世事如此险恶多变，破坏了我俩结下的
友谊。[18]

战争或许打断了考古活动，但考古的战利品并没有被遗忘。仓皇之中，德国人留下了成堆的文物，贝尔抛开了一己的感伤，建议将它们送到大英博物馆。当然，石油也没有被遗忘，否则无从解释这个遥远的战场上近150万英军的存在。战争结束后，仍有100万英军留在了原地，守护英国在美索不达米亚的边境与油田，这里便是现在的伊拉克。

伊拉克这个新国家的建立，与贝尔和她昔日的敌人马克·赛克斯不无关系。战争接近尾声时，赛克斯和法国外交官弗朗索瓦·乔治-皮科（François Georges-Pico）秘密地在中东划分英法两国的地盘。根据《赛克斯—皮科协定》（Sykes-Picot Agreement），战后法国将统治叙利亚，英国将得到伊拉克和巴勒斯坦。此前，列强允许阿拉伯人拥有民族自决的权利，以助长他们反抗奥斯曼帝国统治的情绪，而这个瓜分协定则完全违背了承诺，亦为后来中东的诸多动乱埋下了祸根。战争期间，贝尔和劳伦斯在英国政府与阿拉伯人之间的沟通中发挥了重要作用，他们对这项协定的虚伪本质心知肚明，但还是照做了。遗憾的是，他们以切实的行动证明了自己的英国心：无论他们多么热爱这片沙漠、这里的人民，无论他们多么痛恨祖国的种种限制，但他们对帝国忠贞不渝，因此他们甘愿为祖国效力，将他们痛恨的种种限制强加于他人。

　　贝尔亦困惑于自己的角色。尽管她偶尔沉迷于帝国意淫——"我们确实是一个卓越的民族，我们拯救了受压迫国家的遗存，使之免于被毁"，同时，她也受到自我怀疑的困扰，自问："我们连自己的事都处理不好，难道还能教别人如何处理好他们的事？"[19]即便如此，战后她仍然留在了伊拉克，为拥立新国王费萨尔（Faisal）出了一己之力。之后她叹息道："我再也不会参与选定国王这种事了，压力太大了。"[20]她还拟定了伊拉克的文物政策，并建立了著名的巴格达博物馆（Baghdad Museum）。之后，随着伊拉克政府自治力的提高，她的作用逐渐减弱。1926年，她服用了过量的安眠药，可能是自杀，因她在伊拉克看不到未来，但回国也不太可能。

　　今天，巴别塔的遗迹基本上和科尔德威1917年离开时一样，是个位于非军事区的浅坑。萨达姆·侯赛因（Saddam Hussein）修复了这一带的其他古迹，但放过了巴别塔遗迹。在掌权初期，萨达姆曾宣称将重建巴比伦——狂妄自大的作风永不过时。他重建了伊什塔尔门、尼布甲尼撒的宫殿和乌尔塔庙（Ziggurat of Ur），还仿照古代做法，在这些建筑的砖上刻上了："胜利者萨达姆·侯赛因是共和国总统，愿真主与他同在。他是伟大伊拉克的守护者、复兴伊拉克的重建者、伟大文明的建设者，在他的统治下，伟大的巴比伦于1987年重建完成。"其他地方的碑文称萨达姆为"尼布甲尼撒之子"。这不仅仅是夸大其词、故作姿态，事实上，事情远没有这么简单。英国给萨达姆留下了一个有如火药桶的国家，里面满是敌对种族和宗教团体。为了创造一个国家神话来摆平各派系，萨达姆追溯到伊斯兰逊尼派、什叶派、库尔德人和贝都因人踏足伊拉克之前的时代。

战后，萨达姆在全国各地建立的众多国家博物馆遭到掠夺，这表明他重建巴比伦的所作所为遭到了排斥，但他这项宏伟的计划，却在世界另一个角落出乎意料地引起了回响。在美国，查尔斯·戴尔（Charles Dyer）曾在其著作《巴比伦的崛起》（The Rise of Babylon）中，将萨达姆重建巴比伦的计划视为"末世启示"（apocalypse）的预兆，并对作为伊拉克统治者的萨达姆抱有病态的幻想。类似地，系列小说《末世迷踪》（Left Behind）则讲述了一群重生的基督徒在中东末日战乱中的冒险经历，回答了我们这个时代最紧迫的问题之一："当世界聚焦于新巴比伦的混乱，以及这股黑暗之流难以名状的成因时，耶路撒冷该怎么办？"美国原本就有颇具影响力的宗教右派游说团体，加之《末世迷踪》这套带有暗示性的小说在世界范围内的大卖，伊拉克战争可谓一触即发。

和石油产业一样，那些言论带有宗教色彩的政治极端分子似乎迫不及待地期待着末日的降临。美国入侵伊拉克前，乔治・布什（George Bush）曾对法国总统雅克・希拉克（Jacques Chirac）说："这场战争是上帝的旨意，他想在新纪元开始之前，借此消灭子民的敌人。"[21]2003年巴格达所经历的"震慑行动"（Shock and Awe），便是精心布局的末日舞台，仿佛使过去人们对中东面临世界末日的种种想象，如约翰・马丁①创作的一系列关于巴比伦的骇人绘画和版画，在现实中上演。此间，世界第二大石油储藏区重回英美掌控之下。

令人失望的是，入侵伊拉克不但未能终结这里的混乱局面，还对巴比伦遗迹造成了难以估量的破坏。贝尔于1922年创建的巴格达博物馆在入侵不久后便遭到洗劫，那里存放的是尚未被强行送到国外的文物。联军将巴比伦遗址变成了军事基地，大挖战壕，还毁坏了古城墙。美国海军陆战队在乌尔塔庙上涂鸦，并在那里建造大型军用机场，还在机场里开了一家必胜客和两家汉堡王。与战争相比，和平对巴比伦也没好到哪里去：当开采石油这项要务逐渐恢复时，2012年3月，伊拉克石油部铺设了一条横穿巴比伦遗迹的输油管道，联合国教科文组织和伊拉克考古学家的抗议也没能奏效。

遭受了战争洗礼、外国占领、石油开采，巴别塔的地基历

---

① 约翰・马丁（John Martin，1789—1854），英国浪漫主义时期画家。

尽劫难，正慢慢地在一池水中腐烂。高塔的子虚乌有嘲讽了许
多帝国：巴比伦帝国、亚历山大帝国、波斯帝国、奥斯曼帝
国、大英帝国、伊拉克复兴党帝国和美国。这些帝国曾试图强
行统一这个地方，但均以失败告终。从这个角度看，巴别塔的
毁灭可以解读为解放——解放被压迫的人民——而非天谴，恰
如布吕赫尔所绘，巴别塔代表着被人憎恨、注定灭亡的西班牙
帝国。这也是毁灭另一座（确切地说是两座）高塔的人，为自
己进攻建筑的行动所做的注解。

　　世界贸易中心被一小撮狂热的激进清教徒选为美国经济
与文化势力的代表。但无论他们的行为多么惊人，罹难者数量
多么庞大，如此微小的力量是不可能推翻这个超级大国的。事
实上，他们看中的是世贸中心的象征意义，实施的是一场策略
性进攻，目的在于引发暴力的回应。这一点他们做到了，因为
"9·11"事件成了美国入侵伊拉克和阿富汗的表面理由。这项
自杀任务不仅属于劫机者，也属于整个恐怖组织，因为他们绝
不可能逃脱复仇。这场袭击旨在分化穆斯林与西方世界，在某
种意义上引发"文明冲突"。在这方面，"9·11"取得了巨大的
成功，事后巴比伦遗迹所经历的一切便是佐证。

　　穆罕默德·阿塔（Muhammad Atta）是基地组织汉堡分支
的首领，也是第一架撞上双子塔的飞机的驾驶者，他很清楚建

筑的象征力量。他曾在开罗和汉堡学习建筑，硕士论文讨论的是叙利亚古城阿勒颇（Aleppo）的西化，那正是《赛克—皮科协定》导致的结果。阿塔不喜欢中东城市里的高层建筑，也不喜欢法国现代主义规划师对阿勒颇错综复杂的中世纪街道的破坏，此间，他感受到了一种与意识形态相对立的外来强权。他希望去除这层阴影，因此主张拆除阿勒颇新城的高楼，以便让传统上只待在私家庭院、与世隔绝的妇女获得良好的视野。但是，这位壮志未酬的建筑师没能以乌托邦的自由高塔来取代压迫性的结构：他只是想用一种建筑权力体系取代另一个，因为在这些摩天大楼与格状街道的所在地，他主张"重建各个领域的社会传统"，以抵消"任何形式的解放思想"。[22]

第二章

金宫，罗马

（公元64—68年）

建筑与道德

一种可怕的东西即将进入我们的世界，这
座建筑显然就是入口。
——《捉鬼敢死队》(*Ghostbusters*, 1984)，
伊万·雷特曼 (Ivan Reitman) 导演

　　关于它的发现，有很多阴森森的传说：1480年的某一天，有个罗马男孩跌进了山坡上的一个裂缝，掉入了一个黑暗的地下王国。在地下，他发现了一个保存完好的罗马帝国时期的洞穴群。随着眼睛逐渐适应了地下的光线，他发现墙壁上画着扭曲的怪异图像。与小男孩同时代的人认为这是一个远古时期的洞穴；实际上，这是臭名昭著的皇帝尼禄（Nero）在公元1世纪建造的宫殿。

　　宫殿名为"金宫"（Domus Aurea），是因为它使用了大量珍稀建筑材料。尼禄的王朝终结后，新的王朝非常厌恶尼禄遗留下的痕迹，于是掩埋了金宫，并在其上兴建了公共浴池。渐渐地，金宫淡出了人们的记忆。在那些壁画中，该画柱子的地方画着奇怪的藤萝，人类与禽兽混在一起。这些壁画在文艺复兴时期的意大利引起了轰动：这是千年来人们第一次看到古代画作，而这些画作却与人们想象中的古典艺术截然不同。人们普遍认为，古典艺术应是理性的、写实的，而非荒谬的、脱离现实的。因出自洞穴（grotto），所以这些壁画当时被称作"穴怪图像"（grotesques，亦作"怪诞装饰"）。几个世纪以来，人们对这些壁画褒贬不一。包括拉斐尔在内的一众画家模仿起了这种画风，这股潮流一直持续到19世纪。受其启发，一种更为自由的建筑风格逐渐形成。然而，很多人对此并不认同。

早在金宫壁画出现前的一个世纪，古罗马建筑理论家维特鲁威便开始批评怪诞装饰：

在我们这个时代的画家笔下，满是些骇人的形象，而不是现实生活中的东西。该画柱子的地方不画柱子，以有纹路的根茎取而代之，还配上奇形怪状的叶子和涡纹装饰；三角楣饰则成了阿拉伯式花纹（arabesque）；枝状烛台和彩绘窗框也出现了，三角楣饰上的精致花朵从根部向上伸展，花朵顶端还画上了人像，罔顾韵律与合理性。这种东西根本不存在，将来也不会存在……芦苇怎能撑起屋顶？[1]

伴随怪诞装饰而来的批评声音，一直持续到19世纪。19世纪知名的建筑道德领路人约翰·罗斯金（John Ruskin）称怪诞装饰为"可怕的流产"。如此激烈的反应不仅仅是基于品位，而是涉及了一个更具争议的话题：建筑的道德性。关注建筑的道德含义不无道理，因为比起其他形式的艺术，建筑要庞大得多，且不同于绘画或其他富人的小饰物，建筑是人人都要使用的。同时，兴建建筑耗资巨大——往往消耗的是公共钱财。

几个世纪以来，建筑师和业主身上不断暴露出道德问题。他们中，一些人被指责心怀不轨，比如尼禄为享乐而兴建金宫、地产开发商贪得无厌、建造巨型监狱者残酷不仁（维特鲁威也不例外，如引言中所述，他是一名军事工程师）；还有些人则因服务于邪恶的政权而备受指摘，比如阿尔伯特·斯佩尔[①]，他曾为希特勒设计过许多建筑。基于不同的政治立场，人们可能还会排斥设计新德里的鲁琴斯（Edwin Lutyens）、为斯大林服务的构成主义者（Constructivist），或设计迪拜哈利法塔（Burj Khalifa）的SOM建筑事务所。但更多的时候，建筑师会因违背了"建筑法则"（无论这些法则究竟是什么）、盖出了不良的建筑而备受指责。虽然这似乎不属于道德问题，但是维特鲁威著名的"建筑三原则"——实用（utilitas）、美观（venustas）、坚固（firmitas）——经常被等同于道德准则，甚至一度被视为评判建筑的唯一标准。因此，那些怪诞装饰饱受非议："芦苇怎能撑起屋顶？"

维特鲁威批评怪诞装饰不自然，实际上是在强调古代艺术

[①] 阿尔伯特·斯佩尔（Albert Speer，1905—1981），德国建筑师，曾任纳粹德国装备部部长。

的第一准则：艺术应该模仿自然。虽然建筑似乎是具象艺术中最不具模仿性质的，但人们依然坚持认为建筑应遵循自然准则，无论这准则是自然衍生的还是自然加诸的，而一旦违背这一准则，建筑物不仅不好，更存在道德问题。此观点或许有待商榷，但人们普遍认同维特鲁威建筑原则中的这一条：压垮居住者的建筑，绝对是劣质建筑。至于"实用"原则，则可理解为建筑要与其用途相符。两个世纪以来，这项原则一直被用作反对过度装饰的理论依据，并催生了现代主义的白色方盒建筑。后来，甚至出现了一种影响深远的观念，即认为建筑本身可能就是邪恶的。由这种观念衍生出来的恐怖电影屡见不鲜，例如《捉鬼敢死队》中那栋由一名疯狂的冶金师兼神秘主义者设计、专门用来凝聚宇宙邪气的公寓。然而，"建筑邪恶观"亦有着严肃的一面，因为它暗示着建筑会导致使用者道德堕落，所谓"沉沦社区"①及其对居民行为的负面影响，便印证了这一点。

　　建筑的道德角色显然是个令人头疼的大问题，我们不妨从一个极端的反面典型切入。它奢侈无度、违背艺术准则，且为暴君所建——它就是尼禄的金宫。

---

① 沉沦社区（sink estate），特指英国社会地位较低者居住的社区，这类社区中犯罪率往往较高。

尼禄是历史上最臭名昭著的暴君之一。因迫害早期基督教徒，中世纪的人称他为反基督者。许多罗马人也认为他残暴至极。他的统治如同一场灾难，导致了第一个帝国王朝的覆灭，并使罗马陷入内战，因此他的人品遭到抨击也就不足为奇了，共和派作家对他的指责尤为激烈。据史传记载，尼禄一度沉溺于各种令人发指的放荡行为：踢死怀孕的妻子、和自己的母亲上床并杀了她、强奸维斯塔贞女①、阉割年轻男子并娶他为妻。苏埃托尼乌斯②曾记录下尼禄罄竹难书的累累暴行，并以以下故事收尾：

他堕落到了无以复加的地步，在玷污了自己身体的几乎每一个部位后，他又设计出一种游戏：他身披野兽皮，让人把他从笼子里放出来，然后他便朝着被绑在柱子上的男女私处扑去。当他满足了自己疯狂的淫欲后，再由被解放的奴隶多律弗路斯（Doryphorus）带回；他竟然还嫁给了这个男人……甚至还模仿起一个少女被夺去贞操时的哭喊与呻吟。[2]

---

① 维斯塔贞女（Vestal Virgin），即古罗马炉灶与家庭守护女神维斯塔的女祭司，负责守护罗马国家圣火。
② 苏埃托尼乌斯（Suetonius），生卒年不详，古罗马历史学家。

正如历史学家爱德华·钱普林（Edward Champlin）所言，这种游戏似乎颠覆了"兽刑"，转而由皇帝扮成野兽，以口交来惩罚犯人。这种行为表明尼禄一心想要破坏帝王的形象——他就像舞台上的演员，又在性方面臣服于被解放的奴隶（这种亵渎帝王尊严的行为，令苏埃托尼乌斯深恶痛绝）。

对尼禄的另一项指控称他引发了罗马大火。大火发生在公元64年的夏天，燃烧了整整九天九夜。苏埃托尼乌斯说，罗马失火时，这位皇帝还在演奏他的里拉琴（而非传说中的小提琴）。大火过后，罗马城市的绝大部分，包括尼禄宫殿的一部分，都变成了废墟。但据塔西佗①记载，这场火灾亦有其"积极"的一面："尼禄在这片废墟之上兴建了一座豪华宫殿，里面满是珠宝、黄金这些为人熟知的俗气奢侈品，相比之下，田野和湖泊是那样瑰丽动人。"[3]这座建筑就是金宫。有人怀疑是尼禄纵火烧了罗马城以兴建自己的新宫殿，于是他将责任推给基督教徒并迫害他们，最终导致圣徒彼得和保罗殉道。

"他们死时还受尽嘲弄。"塔西佗如是说。他虽然不怎么同情异教徒，但也认为尼禄太过残忍。"他们被野兽的兽皮覆盖着，被狗撕咬而死，或被钉在十字架上，或葬身火海，化

---

① 塔西佗（Tacitus，约56—120），古罗马历史学家。

作夜间的照明工具。"[4]这些人肉火把照亮了皇帝的游乐场，自然、人伦统统被颠覆：城市变成了乡村，人的血肉之躯变成了物体。批判尼禄的人往往对他违反自然大加指责，然而，福楼拜这样的19世纪颓废派却被他深深吸引。在福楼拜眼里，尼禄是"史上最伟大的诗人"，他所佩服的，恰恰是尼禄对自然别开生面的扭曲。[5]尼禄就像那些四不像穴怪图像一样，假扮野兽，变男为女，把人变成火把——人形枝状烛台便是常见的穴怪图案，不断挑战人类的界限。

这样一个君主兴建的建筑，有可能是"好"的吗？苏埃托尼乌斯认为尼禄的罪行在政治上是危险的，但即便是他，也能将身为暴君的尼禄与他的建筑区别对待，还称赞了其中一些作品。尼禄利用肆虐的大火，在罗马市中心为兴建自己的宫殿清理出大片空地，与此同时，他也提出了城市规划的新原则，打造出了更安全、更有序的环境，并自费进行了大部分的重建。当时最先进的公共建筑，就是尼禄兴建的。因此，当时有这样一种说法："还有比尼禄更差的吗？还有比尼禄的澡堂更好的吗？"

然而，真的能将建筑与出资兴建者如此简单地区分开来吗？不妨以纳粹建筑为例。纳粹是一个彻头彻尾的黑暗政权，与尼禄如出一辙。据说纳粹曾把犹太人皮做成灯罩，就好比尼禄做人肉火把。[①]但是，纳粹建筑在道德层面上真的是消极的吗？犹太难民尼古拉斯·佩夫斯纳（Nikolaus Pevsner）在他的著作《欧洲建筑纲要》中回避了这个话题，称"这方面说得越少越好"。对他来说，纳粹试图摆脱现代主义、回归古典或中世纪的做法过于拙劣。另一方面，他认为意大利法西斯主义者较为成功，因为"在高贵脱俗方面，没有人能与意大利人比肩"。[6]多娜泰拉[②]早已打败多纳泰罗[③]，但是这是佩夫斯纳时代之后的事，无怪乎他不知道范思哲，而他显露出的巩固纳粹教条的种族本质论倾向，则令人无法接受。

同样不好接受的是，佩夫斯纳将纳粹建筑简化为民间小屋和笨重的古典主义建筑。这实则是他的一个策略，用来避免承认一些纳粹建筑以他个人的标准来看的确不错。诚然，像柏林帝国航空部（Air Ministry）这类少了装饰的古典建筑，确实乏善可陈。与如此笨重的方块相比，哪怕是最花哨的巴洛克建筑也显得更加清晰易懂。由此看来，这座建筑仅是试图以沉闷做作的方式博人眼球。其实，这种做法本质上并不算法西斯，伦敦和华盛顿也充斥着类似的灰色乏味建筑。然而，德国高速公

---

① 主流历史学者对这些物品的存在提出了质疑。——原书注
② 多娜泰拉（Donatella），指意大利当代时尚设计师多娜泰拉·范思哲（Donatella Versace）。
③ 多纳泰罗（Donatello，约1386—1466），意大利文艺复兴时期雕塑家。

路（autobahn）网的道路与桥梁，则应另当别论。出自天才建筑师保罗·博纳茨（Paul Bonatz）之手的德国高速公路开阔优雅，与周围景观浑然一体、相得益彰。此外，位于纽伦堡、作为全国党代会集会场所的齐柏林集会场（Zeppelinfeld）散发着震撼人心、令人臣服的气场，尤其是在灯火通明的夜间集会时分。这些建筑虽然在美学或功用上是成功的，但出发点却是邪恶的：高速公路用于帮助部队快速移动，齐柏林集会场则如莱妮·里芬斯塔尔[①]的影片所示，服务于向聚集在这里的群众灌输怪诞的意识形态。这些建筑的建造过程更是黑暗：高速公路和桥梁是由奴隶建造的，他们用生命换来了装点德国风景的优美曲线。基于此，我们还能说纳粹建筑是好的吗？只有当我们仅仅关注美学和功用维度，才能认可这些建筑，但我认为这样做是不对的。

苏埃托尼乌斯或许赞扬过尼禄兴建的公共建筑，但他对金宫的评价则不甚明了：

门厅足够高，可以容纳120英尺高的巨型皇帝雕像。宫殿十分庞大，有长达一英里的三重柱廊。宫中还有海洋般的湖，

---

① 莱妮·里芬斯塔尔（Leni Riefenstahl，1902—2003），德国导演，曾为纳粹拍摄宣传片。

四周伴有象征城市的建筑物，以及象征乡村的田地，耕地、葡萄园、牧场和森林一应俱全，还有许多野生动物和家畜。宫殿的其他部分镀上了黄金，并饰有宝石和珍珠。餐厅则以象牙浮雕作为天花板，其饰板可以移动，能撒下花朵，还安装了向宾客喷洒香水的管道。圆形的主宴会厅日夜旋转，宛若天堂。他的浴室可以供应海水和温泉。这座写满他个人意志的庞大宫殿竣工后，他并没有说什么赞扬的话，也就屈尊纡贵地说了句他终于可以住得像个人了。[7]

在这一长串室内装潢的罪恶清单中，隐含的无不是对帝王奢侈行径的批评。对帝王来说，一定程度的富丽堂皇是可以接受的，甚至是必要的，因为这符合他在公众心目中的地位，但一切应当有个限度。根据亚里士多德的定义，花费不吝啬亦不铺张的富人，体现着"宏大"的美德。在维特鲁威看来，讲究中庸的美德是"合宜"（decor），即每栋建筑的华丽程度应与其使用者或功能相称。西塞罗（Cicero）也赞美过宏伟，并认为业主可以借此展现其丰富的想象力。但尼禄在金宫和其他方面一样，都做过头了，越过了"宏大"的边界而转向了奢侈，所展示出的并不是他丰富的想象力，而是怪异的狂想。

富有的兴建者向来难免背上奢侈的罪名。这种指控在西方文化中比比皆是，或许这与基督教讲求谦逊、视骄奢为罪过的道德观脱不开干系。但是，人们对简朴生活的向往，是由来已久的。尼禄的老师、斯多葛派哲学家塞涅卡（Seneca，后因被怀疑暗中操控谋杀尼禄事件而被赐割腕）曾哀叹道："相信我，建筑师出现之前，是一个美好的时代！"

在我们这个时代，请问你认为以下哪种人更有智慧？一种人发明了能将番红花香水喷得极高的内嵌式管道，并让餐厅的天花板可以移动、露出一个又一个图案，每上一道菜，图案都会随之变化；另一种人则向自己和别人证明，大自然无法用严苛的法则难为我们，她告诫我们，就算没有大理石匠和工程师，我们也能生活……那些生活中必不可少的事物，可以来得不费吹灰之力，唯有奢侈，才须以辛苦换得。[8]

塞涅卡虚伪的一面是，他自己一直过着奢华的生活，难怪尼禄不喜欢他。另一方面，在中世纪，他被誉为异教徒圣人。中世纪崇尚谦卑，但这种风气在15世纪发生变化，彼时"宏伟"（magnificenza）的概念卷土重来，倡导宏伟概念的学者的赞助者，恰好也是奢华宫殿的兴建者，这样一来，谦卑的概念便被抛在脑后。今天，人们往往将奢华等同于浪费，并对其加以批评。资源浪费是当下备受关注的议题，这与能源及矿产资源的日渐稀少息息相关。同时，建造奢华的建筑也浪费工人的时间，他们本可以从事更多有益的工作。而经济层面的浪费，则是另一个问题，尤其是当出资者并非来自民间的个体时。例如，有观点认为，凡尔赛宫的兴建是导致18世纪法国经济困境的因素之一；同样，齐奥塞斯库[①]在布加勒斯特（Bucharest）兴建巨大宫殿也使罗马尼亚百姓陷入贫困。奢侈也被抨击缺乏品位。缺乏品位虽看似不像浪费那般情节严重，但往往能反映出一些严重的问题：它代表一个人僭越了维特鲁威所谓的合宜，试图借此抬高自己，以显示地位。譬如，一个足球运动员的豪宅奢华过度，会遭到鄙视，而白金汉宫如出一辙的室内装潢，则被视为理所应当。最后，奢侈还被指控为引发社会动荡的祸根。在柏拉图的《理想国》中，苏格拉底警告说，贪得无厌必将引发领土纷争，若想避免这种局面，最理想的状态莫过于人人住在自己亲手建造的简朴居所里。而过度炫耀也会引来"嫉妒"这一恶果，有可能导致盗窃或更糟糕的事情。勒·柯布西耶（Le Corbusier）在1923年出版的宣言性著作《走向新建筑》（*Towards an Architecture*）中警告读者："建筑或革命！"这危言

---

① 齐奥塞斯库（Nicolae Ceaușescu，1918—1989），罗马尼亚社会主义共和国第一任总统。

耸听的言论实则是一种典型的话语策略——他的意思是，除非政府通过改善公民住房水准来平抑竞争环境，否则就会发生叛乱。

18世纪荷兰哲学家伯纳德·曼德维尔（Bernard Mandeville）以《蜜蜂的寓言》（*Fable of the Bees*）挑战了上述观点，倡导消费主义"涓滴效应"理念，并将《私人的恶德，公众的利益》作为副标题。他把人类社会比作一个巨大的借由贪婪、骄傲和奢侈凝聚在一起的蜂巢："每个部分虽被恶德充满，整个蜂国却是一个乐园。"如果社会翻开新的一页，会发生什么呢？

现在来看看这光荣的蜂巢，

看看诚实与交易如何协商：

炫耀行为迅速消失，已不复存在；

蜂巢宛如换了一副模样，

曾在此挥金如土的富豪，

已纷纷离去；

曾赖其维生的大批群众，

也被迫离去。

想改行也无济于事，

因为各行各业劳动力皆已过剩。

土地和房屋价格下跌；

豪华的殿宇宫墙，

曾如底比斯，当年靠娱乐兴起

现在只得出租；

…………

建筑业已近崩坏，

工匠找不到工作；

画匠不再能因技得名，

切石匠、雕刻师，均无人问津。[9]

　　今天，新自由主义者继续沿着这一方向发展，尽管不那么诗意了。我对他们拒绝简陋的建筑多少有些认同——平均主义并不意味着所有人都要住在小泥屋里。但是，每栋房子都以黄金建造、抑或只是撒上些金粉的日子实在遥不可及。在这种梦想实现之前，我们或许可以这样回应曼德维尔：对于住在贫民窟的人来说，建筑师的名气能带来什么好处？对建筑工人来说，难道没有比在切尔西（Chelsea）为财阀兴建地下汽车博物馆更好的工作吗？尤其是当这么多的人还都无房可住的时候。这种悬殊在发展中国家更为明显：例如，印度富豪穆克什·安巴尼（Mukesh Ambani）把他的孟买豪宅建在了以不正当途径获得的土地上，这里原本被指定为兴建贫困儿童教育设施用地。这座豪宅价值10亿美元，而这个国家68.7%的人口每天的生活费还不到2美元。[10]

但辩证地说，这种铺张浪费或许也有积极的一面——若能引起社会不和。虽然安巴尼的豪宅只可能出现在不平等的社会里，但这栋173米高的大楼太过显眼，像个酸痛的拇指一样杵在那里，遂让这种不平等的状况浮出水面、暴露无遗。即便这无疑会让住不上豪宅的人感到一定程度的痛苦，但比起隐藏在封闭庭院或瑞士银行账户里的财富，这种外露的财产更有可能引起他们对豪宅业主的质疑。政治右派人士总是对"嫉妒的政治"[politics of envy，这个措辞在20世纪90年代自美国记者道格·班多（Doug Bandow）使用后广为流传，他因在2005年受贿而不得不从自由主义智库卡托研究所（Cato）辞职]嗤之以鼻，但是贫民窟的孩子对安巴尼们心生嫉妒有什么错吗？嫉妒是采取行动的第一步——这便是让富人如坐针毡的原因。

尼禄的金宫有旋转的房间和香水喷洒系统，想必能与安巴尼们的豪宅相媲美。尽管苏埃托尼乌斯和塔西佗或许会出于厌恶尼禄的统治而夸大其词，但近年的考古发现证实了他们提到的几点：宫殿占地100至300英亩，占据了市中心的大部分，园子的中心是一个巨大的矩形湖，四周柱廊环绕，岸上的亭台和别墅可供俯瞰湖景；现存结构的主体有150个房间，包括一个圆顶八角厅,这可能就是苏埃托尼乌斯描述的那个旋转餐厅;房间的墙壁原本贴有珍稀的大理石饰面,拱顶饰以黄金和玻璃的镶嵌图案,闪闪发光(这是建筑师的又一项创新)。而现在,剩下的只有混凝土地下结构的砖面,连那些穴怪图像,也在几个世纪的日光暴晒和游客呼吸下褪色了。

彼时的金宫现在看似平淡无奇,但它却是"混凝土革命"的最佳产物。尼禄掌权的时代,恰好是建筑和工程的创新期。我们或许认为混凝土是一种现代建材,但在维特鲁威的时代,即兴建金宫前的近一个世纪,人们已经开始使用混凝土了——当时称作火山灰(pozzolana)。维特鲁威称火山灰为自然的奇迹,但他似乎更偏爱传统的梁柱体系[专业术语为"横梁式结构"(trabeation)],即帕特农神庙等古代神庙所使用的营建法。维特鲁威崇尚传统,或许是因为他曾效力于罗马第一任皇帝奥古斯都(Augustus)。奥古斯都想制造一种假象,让人们以为他的政权是共和国的延续,于是在建筑上他也采用了为人们所熟悉的形式。但在尼禄雄心勃勃的建设项目的激励下,公元1世纪的工程师对混凝土蕴含的可能性信心倍增。由此,全新的建筑形式被打造了出来,一种新的建筑空间随之生成(至少在现代人看来是这样的,因为"建筑空间"这个概念是新近才出现的)。早期梁柱体系建筑采用的是简支结构,衍生自古希腊模式，现在则被不同形状、不同大小、更具流动性的拱顶和圆顶空间取代，穿行其间能产生全新的感官体验，这种改变催生了罗马混凝土建筑的巅峰之作——万神殿。

不同寻常的是，金宫建筑师的名字居然流传了下来。"本建筑的指导者与构思者分别是塞维鲁（Severus）和凯列尔（Celer），他们才华与胆识兼备，敢于尝试用艺术创造连大自然都拒绝呈现的造型。"[11]塔西佗没有解释构成其设计中不自然的部分究竟是什么，有可能是指乡村元素被带入了城市。以维特鲁威的观点审视，八角厅的种种创新似乎也不自然。这个大厅以炫技的手段制造出了一些错觉：入口周围的支柱与门楣即不同于一般梁柱，它们看上去过于单薄，支撑不住沉重的混凝土圆顶。事实上，它们确实支撑不住，圆顶其实是被一个内嵌的扶壁结构支撑着。这种设计使得圆顶看起来比实际轻盈，制造出悬浮的效果，一种更强烈的空间感随之生成。

维特鲁威坚持认为建筑必须遵守常规，否则就会违背艺术的模仿（mimesis）规范，继而违反自然。在他看来，希腊神庙兴建之初模仿的是早期的木建筑，"在现实中不可能的事物，就不可能有完善的原则可循"。[12]因此，在细长支柱上端不能设置内嵌扶壁支撑圆顶，因为这是掩盖现实的。更不该像穴怪图像那样，让建筑物从花里冒出来——"芦苇怎能撑起屋顶？"这

种对于建筑必须忠于现实的坚持，在19世纪强势回归，但这次
并非出于对模仿论的认同，而是基于道德上的义务。然而在此
之前，这一切并没有给重新发现金宫的文艺复兴时期艺术家带
来困扰。

1480年穴怪图像重见天日，对文艺复兴时期的艺术产生了
巨大的影响。和后世的许多游客一样，无数艺术家都借着绳索
进入地下的狭窄洞穴（金宫的墙壁上还刻着卡萨诺瓦[①]和萨德
侯爵[②]的名字）。当时的一首诗记录了参观洞穴的热潮：

> 洞穴里满是画家，无论春夏秋冬；
>
> 这里的夏天似乎比冬天还要凉爽……
>
> 我们匍匐前进，
>
> 带着面包、火腿、水果和酒，
>
> 样子比怪诞图像更怪诞……
>
> 每个人都像是个烟囱刷，
>
> 向导……带我们观看蟾蜍、青蛙、仓鸮、
>
> 麝香猫、蝙蝠，

---

① 卡萨诺瓦（Giacomo Girolamo Casanova，1725—1798），意大利冒险家、作家，被称作
"风流才子"。
② 萨德侯爵（Marquis de Sade，1740—1814），法国贵族、作家，著有一系列色情小说和哲
学书籍。

我们膝盖着地，脊柱近乎折断。[13]

　　拉斐尔就是众多下降到金宫洞穴参观的画家之一。他和助手乔凡尼·达·乌迪内（Giovanne da Udine）以在那里看到的壁画为灵感，设计出复杂的装饰图案，让《圣经》里的场景被扭曲的怪诞图像包围，并将这图案应用在了梵蒂冈的凉廊上。拉斐尔深知维特鲁威及其对穴怪图像"违反自然"的批判，但他似乎有意对着干，把这种"不可能"发挥到了极致：例如，他让乌迪内画了一个大肚便便、坐在一根极细的藤萝上的老人，还画了一个要用柱子保持平衡的天使。这些怪诞图像就在创世记场景的正下方，等于直接挑战上帝的"造物主"身份，进而表现出艺术家也是造物主，虽然他们臣服于上帝，但不再盲目模仿上帝的作品，而是同样具有原创能力。令人惊讶的是，教皇宫殿的装饰中竟然还出现了与尼禄有关的意象，不过它们在梵蒂冈凉廊中仅处于边缘地位，且真正的出处尚不得而知。人文学者把怪诞图像从异教徒的过往带进当下的基督教，表面上是要调和二者，但在这里表达出的却是：非理性和诡异的欲望潜伏在历史的潜意识中。按理说，梵蒂冈推广这种非正统信息是一种危险之举，但16世纪的罗马，在第一位美第奇家族出身的教皇利奥十世（Leo X）的统治下，就连圣彼得大殿，也能用来表达人类卓越的天才。

然而到了19世纪，挑剔的人在利奥十世身上看到了鲜明的尼禄的影子：他挥霍无度，痴迷于赞助艺术家，蔑视传统，据说他还曾在希腊式舞厅跳舞。大仲马的小说《著名犯罪》（*Celebrated Crimes*）里有段话说："当时的基督教弥漫着异教气息，从艺术品蔓延到社交生活习惯，成为这一时期的独特特征。犯罪突然消失，罪恶争相涌现，然而这些罪恶却是有品位的，比如阿尔西比亚德斯（Alcibiades）和卡图卢斯（Catullus）所唱的歌谣。"[14] "从艺术蔓延到习惯"是关键所在，这其中隐含的是对于混淆艺术与道德的批评。不出所料，罗斯金也不认同利奥赞助艺术家的行为。他不像大仲马那样温文尔雅地讽刺，而是直截了当地称拉斐尔的设计"是有毒的根；是一锅由宁芙、丘比特和萨缇组成的艺术大杂烩，撒上了些温顺的野兽的头和掌的细丝，还有难以描述的蔬菜"。表面上罗斯金对穴怪图像的批评是针对高超的模仿技巧被浪费在了不自然的俗气装饰上，但他和大仲马一样，相信艺术会影响道德："几乎无法想象，怪诞图像将对人类心灵造成多么深远的负面影响。"[15] 人们不禁好奇，所谓"深远的负面影响"究竟是什么？这是不是相当于以艺术上的不自然为托词，实则指向的是利奥十世更加难以名状的违反自然之举？

罗斯金的这番言论，针对的是300年来的穴怪图像；从文艺复兴时期的罗马到19世纪的圣彼得堡，室内装饰者无不受到拉斐尔凉廊壁画的启发，而沉睡在金宫的四不像之作，对建筑本身亦产生了巨大的影响。用历史学家曼弗雷多·塔夫里（Manfredo Tafuri）的话说，"拉斐尔的圈子里出现了一种倾向：从古老的穴怪图像中寻找品位的'破格'，发展出刻意营造戏剧化的建筑"[16]。于是，15世纪"纯粹"的古典语汇在实验手法下"扭曲变形"；到了16世纪，这股潮流发展成为生机勃勃的矫饰主义运动（Mannerist Movement）。布鲁内列斯基（Filippo Brunelleschi）为佛罗伦萨大教堂设计的庄严而规则的圆顶，被朱利奥·罗马诺①等人轻佻甚至邪恶的创新设计取代。罗马诺在1524—1534年间曾为贡扎加的费德里戈公爵（Duke Federigo Gonzaga）建造德泰宫（Palazzo del Te）别墅。德泰宫别墅坐落在意大利曼托瓦（Mantua）郊区，公爵可以在这里放心地和情妇幽会，避免被人窥探和嚼舌根，而这座建筑本身也是相当放肆的。在令人叹为观止的巨人厅（Sala dei Giganti），罗马诺所描绘的场景会令访客大跌眼镜：在恍若悬浮着的穹顶上，以错视法（trompe l'oeil）画出就要被石块压垮的、手忙脚乱的巨人

---

① 朱利奥·罗马诺（Giulio Romano，1499—1546），意大利画家、建筑师，师从拉斐尔。

形象。画作与充满想象的空间相得益彰，在惯用的透视法中渗透着文艺复兴所倡导的以人为本理念，强化了整体效果，使整个空间仿佛压向观者。与此前的金宫八角厅如出一辙的是，巨人厅也打破了建筑的古典传统，让拱心石看似错位，柱子仿佛倾倒。整个德泰宫到处都是这种视觉游戏，例如石块好像就要从楣梁上掉落。这种逾矩的手法由此扩散开来，在郊区别墅和洞穴般的花园中间风靡一时：在这些休闲娱乐场所，占据主导地位的古典规范（就像社会规范）可以略作扭曲。

扭曲规范在这类空间中或许是可以容忍的，而建筑本身是否也容许打破规范呢？罗斯金认为古典建筑是堕落的，会败坏人心："它低下、不自然、没有成果、了无趣味、忤逆不敬。其根源是异端，其复兴傲慢且不神圣，早在古老时代就已萎靡不振……这种建筑的发明，让建筑师变成抄袭者，让工匠变成奴隶，让居住者沉浸于骄奢淫逸。"[17]

罗斯金的抨击，多是出于对当时英国的争论所持的派别偏见，而非历史事实。罗斯金是坚定的哥特派，他拒绝接受上一代的古典主义，认为它流于模仿、平庸无聊、不讲道德、虚伪造作——纳什①建造的联排屋看似光鲜亮丽，但实际上用的根

① 纳什（John Nash，1752—1835），英国建筑师、城市规划师，曾设计建造白金汉宫。

本不是大理石，而仅仅是抹了灰泥的、不坚固的砖块。工业化带来的社会变迁令罗斯金不安：他认为不该用批量生产的廉价装饰材料仿造高端的建筑。他也反感现代营建工法，其中以摄政时期开发商建造的大批劣质建筑为代表。他认为这会剥夺工人劳作时的乐趣。他主张效法中世纪的石匠，让建筑工人拥有表达想象力的自由，而不应迫使他们像古典建筑檐口的雕刻工那样，日复一日地重复业已僵化的前人之作，越做越麻木。他的历史分析不无疏漏之处（如果中世纪的建筑工人真的可以拿着凿子任意发挥，那些大教堂便根本无法屹立至今），但他对建筑工人感受的关注，无疑为建筑道德性的探讨增加了一个新维度。那么，真的如他所言，建筑会败坏居住者的品性吗？建筑真的能改变我们的行为吗？

罗斯金用他特有的过激言语表达了自己的观点。不过，凡是用过开放式厨房的人都会认同，建筑确实可以规范行为——当客人在厨房对面的早餐台注视着时，做饭的人肯定不会往汤里吐痰。建筑物中的所有布局，都暗示着某些行为：例如，带露台的房子的前门并排设置可以促进邻里互动，营造一种社区感；或者采取相反的做法，建造一堵可供以色列拦截自杀式炸弹的墙，并一举把巴勒斯坦人拦截在外（2010年，英国政府就做了这样一个含蓄的设计：在白厅周围安装了外观做作的安全护栏，搭配周围的新古典主义风格建筑群）。人们现在普遍认同，学校建筑可以改变学生的行为，例如通过改善共享空间、提供安静的自习区来帮助学生静下心来学习。[18] 与此同时，一个利润颇丰的行业出现了——零售商店布局设计，设计者承诺可以促进销售。著名城市规划师威廉·怀特（William H. Whyte）的学生创办了业内领先的环境销售公司"Envirosell"，声称改变商店布局可以促进所谓"购物事件、购物者转换率、店面渗透和收银台运营"。

　　建筑可以改变行为，但不是改变行为的唯一因素，却常常替更深层次的问题背黑锅。揣猎克塔（Trellick Tower）是伦敦西部的一个巨型住宅楼，由匈牙利移民埃尔诺·高芬格（Ernö Goldfinger）设计 ["007" 系列小说作者伊恩·弗莱明（Ian Fleming）十分反感高芬格设计的建筑，甚至将小说中的反面人物命名为"金手指"（同建筑师姓氏"Goldfinger"）]。揣猎克塔源于另一场混凝土革命，即20世纪50年代起源于法国和英国的粗野主义。粗野主义在60年代蔓延到世界各地，在70年代被强烈反对所扼杀。从外观来看，揣猎克塔是一个大胆的现代主义作品：楼身为巨大的几何体，由不加装饰的清水混凝土构成，电梯和其他服务设施全部集在中另一栋大楼里。大楼太大，几乎大到了不人性化的程度。为了让电梯更快，高芬格仅在每三层设置一个通向电梯塔的公共走廊。这些走廊上成对的前门通向大楼内的小公寓，居民可以使用内部楼梯在自家所在的几个楼层之间穿行。这种不同寻常的布局把住户汇集到了一起，促进了他们之间的互动，也让公寓得以不被公共走廊截断，进而使这栋大楼成为伦敦最宽敞的公共住宅之一。同时，大楼两边都开了窗户，住户能将窗外美景尽收眼底。然而，尽管高芬格的创新设计非常用心，但他的作品很快就变成了一座垂直地狱。

20世纪20年代，现代主义者首次提出用高楼取代城市中那些建于维多利亚时代的低矮贫民窟，进而开拓供孩子玩耍的绿地，并提高采光率。首批住户刚搬进揣猎克塔时大都欣喜若狂：他们第一次有了室内厕所、现代厨房，以及耐用、清洁的暖气。但事实上，1972年揣猎克塔竣工时，这个乌托邦梦想就已经幻灭了。原因很复杂。很多时候，建筑师的设计是出色的，但市政官员的腐败外加开发商唯利是图，导致建筑质量低劣，甚至沦为危楼。1968年伦敦东部罗南角（Ronan Point）大楼因天然气爆炸而坍塌。这种建筑明显违背了维特鲁威的"坚固"原则。然而，即便是质量过硬的大楼，也与社会衰败难脱干系。当社区被连根拔起、重新安置时，一定程度的破碎是不可避免的，大型住宅楼恰恰是为了应对这种情况：将居民凝聚在一起（不像在郊区那样分散），从而弥补破碎带来的缺失。但是如此高的大楼，会给一些居民带来不便，这应该是显而易见的。老年人、年轻的母亲和儿童无法轻松地介入街道上的社区生活，进出由腾退贫民窟改造而来的绿地也很不方便，这种情形容易让人产生被隔离的感觉，陷入孤立的状态。钣金工安德鲁·鲍尔斯顿（Andrew Balderstone）1964—1984年一直居住在利斯（Leith，位于爱丁堡北部）的一栋20层的高楼里。他的回忆涵盖了居住在这类建筑中的多重感受，值得大篇幅引用。

这与大楼本身没有任何关系，而是住户的类型以及行为方式发生了改变……在搬进来的前五年、十年里，一切都非常好，每个人都把环境保持得一尘不染，你真的会为拥有这么漂亮的新房子而感到自豪。虽然实际使用时难免遇到一两个问题，比如孩子们不得不到外面去玩之类的，但是生活总不能事事如意，总的来说，我们都很喜欢这栋公寓！大约五年到十年后，问题开始出现了。那时，议会开始让不同类型的房客入住进来。由一对夫妇打头阵，他们样子粗糙、邋遢，像是从最破烂的贫民窟搬过来的。嗯，一开始只是他打她，但很快她就掌握了方法，开始更凶狠地打回去！他们虽然住在我家楼上四层，但吵闹声仍震耳欲聋。他俩会喝得酩酊大醉，直到半夜或凌晨才回来，然后马上开始大声地放音乐，还大声说话，摔摔打打，从里到外都是巨响。你躺在床上就能听到——啪叽，他们把盘子摔在地板上了；咣当，他们把光盘丢到大街上了！从那以后，情况就开始恶化，很快就有四五家变成了这副模样，问题在整栋大楼里蔓延开来。这都是住宅管理公司的"好主意"。"管理"，真是个恶心的笑话！他们的想法很不着调，认为把这些坏房客散布在正常房客中，就能把他们提高到你的水平。但结果呢，尤其是在这样一栋大楼里，结果恰恰相反——他们把我们拉低到了他们的水平！就像一种癌症。起初，你仍然努力保持你的水准，但很快便发现这只是在浪费时间……楼顶的晾衣台开始丢东西，于是人们不再使用了，紧接着公共洗衣房和烘衣柜也是如此。电梯以前一直都很好，这会儿也开始故障不断，而且修理工也来得越来越慢。有一年还发生了一次垃圾工罢工事件，几户新搬来的住户不把垃圾拿到楼下，哦，不，最开始他们先是堵塞了垃圾滑槽，然后就干脆把垃圾从滑槽间的窗户扔出去，垃圾直接掉在了我家阳台上。你能想象吗！腐烂的垃圾，堆到齐腰高！起初我想还是不要吵架了，所以就自己清理了，但接下来的几个晚上，他们继续往下扔垃圾。最后我真的非常生气，把十几袋垃圾拎上了楼，统统倒在他们家门口——什么旧罐头、西红柿、鱼头，乱七八糟，啥都有！我喊道："这是还给你们的垃圾，你们这帮垃圾！"然后飞快地跑下楼，回到家里。我听见楼上在尖叫、在骂人，但从此以后那些人就没再这样扔垃圾了。不过最可怕的是，我意识到自己已经堕落到和他们一样了！后来，管理员应付不了这堆事，甩手不干了，然后越来越多的邻居也受够了，纷纷搬走。而房管部能做的，就只是把空出来的公寓租给一些单亲家庭，所以情况越来越糟，恶化得越来越快。大约在70年代后期，当他们开始让吸毒者入住后，破坏公物、入室抢劫开始蔓延，开通宵派对也是常事，凌晨3点还有白痴往垃圾滑槽里塞东西，让一堆堆的酒瓶子轰隆隆地滑下来，不仅如此，很多人还开始往外面扔东西……顶层有一户往外扔门板，其中一扇门被风裹着，直接砸到我的车上。在那之后，还有人扔公交站牌，站牌一头连着混凝土块，像长矛一样从天而降，刺穿一辆停在路边的货车车顶，嵌入了路面。后来还有人扔过活猫。一天晚上，18楼有人吵架，吵着吵着，一辆摩托车被扔了下来。我都想象不出他们是怎么把摩托车从窗户塞出去的。这些人是真正的渣滓！起初楼里的住户都是像我们一样的工人阶级，是做不出这种事的。然后，我们楼里发生了第一起自杀案：一个吸毒的人从19楼的窗户头朝下地跳了下来，摔在了停车场里；大约在1980年，楼里发生了一起谋杀案：一个人的脸被踹凹了。后来，有些新住户开始鼓动拆掉这栋大楼，说这是个空中地狱什么的。是啊，当时这楼也确实成了地狱，因为这些新住户和议会都把坏事做尽了啊！那时我只想搬走。最后，我想办法换了个住处。我觉得现在最初的那批住户应该全都从那里搬走了。这一切简直就是天大的浪费——这本来是多好的房子啊，如果议会能花点心思照看就好了，别把那里当作垃圾场！[19]

揣猎克塔一度饱受暴力犯罪的折磨。布满涂鸦的走廊里尽是穷人、妓女和瘾君子，地板上到处都是酒瓶子和注射器，电梯就算能用也散发着尿味。新住户刚搬进来就迫不及待地想要搬走，但转移需要排队，有的排了长达两年。当他们终于搬走后，市议会就让官方所谓的"问题家庭"（troubled family）住了进来，于是这里的情况就变得更糟，小报开始称高芬格的这座建筑为"恐怖之塔"。

而今，等待搬进揣猎克塔的名单又有了一英里长。这栋建筑的外观仍是老样子：一个顽石般的巨大混凝土块，尽管这与英国人的一种特有的观念相左。有些英国人一直认为每个人都该住进小屋，却从不考虑如果不在英国人同样渴望的起伏的绿地上浇铸混凝土，怎样实现这个梦想。那么，究竟是什么改变了？ 20世纪80年代中期，大楼成立了一个居民协会。这个协会向房管部施压，要求安装对讲机，并提供24小时的看门服务——这两项居然在彼时的揣猎克塔均不齐备，实在不可思议。市议会也修改了入住政策，让大家自主选择是否入住，不再强制入住，结果还真找到了确实想住进揣猎克塔的人。也许这并不难理解。直到今天，那里面的多数单元仍为公有，且和许多公共住宅一样宽敞，尤其是与现在那些贪婪的开发商建造的棺材大小的"豪华"公寓相比。揣猎克塔的装修质量、内部细节均属上乘。这里不再是沉沦社区，还在1998年跻身"登录建筑"① 名单，成为一处理想住所、伦敦地标，经常出现在电影、歌曲和音乐录影带中。

尽管一些像揣猎克塔一样的建筑在经过整顿后变得适宜居住，但粗野主义仍被贴上反社会的标签并广受谴责。因此，世界上许多粗野派地标建筑不断遭到拆除。乔纳森·米德斯② 为建筑师罗德尼·戈登③ 那不复存在的停车场写下了安魂曲，20世纪60年代，许多伟大的维多利亚时期建筑因不再流行而没能逃过惨遭拆除的命运。[20]"粗野主义"这个名字听起来残忍、缺乏人性，它由这一理念的倡导者雷纳·班纳姆（Reyner

---

① 登录建筑（Listed Building），英国特殊建筑和历史遗产法定列表（Statutory List of Buildings of Special Architectural or Historic Interest）中在列的建筑物，是一种受保护建筑类别。
② 乔纳森·米德斯（Jonathan Meades，1947—   ），英国作家、建筑评论家、电视节目主持人。
③ 罗德尼·戈登（Rodney Gordon，1933—2008），英国建筑师，以粗野主义风格著称。

Banham）推广开来，班纳姆希望借由这个名称，让人们回想起柯布西耶在战后使用的清水混凝土，也就是未经修饰的、表面仍留有木模板纹路的混凝土（毫无疑问，班纳姆的措辞中带有调皮的挑衅成分）。诚然，清水混凝土不太适合北方的气候，但在污染严重的城市里，即便是砖和大理石也需要定期清洁，可是新自由主义政府却常常对粗野主义建筑大加排斥，因为他们讨厌它所代表的一切。

　　另一方面，这类建筑所体现的美学野心、立体派棱角、雕塑感突出的肌理与大胆的明暗对比，是发人深省的。粗野主义诞生于英国极少有的在前卫潮流方面走在前列的时代，并获得了国家的资助，这对于前卫艺术来说是罕见的。国家的资助也引来了许多批评，因为粗野主义建筑代表了最接近社会主义阶段的英国（这些批评者往往将高楼一律归为粗野主义建筑。事实当然并非如此，同时他们忘了，高楼住宅是在代表着保守党的麦克米伦政府①执政时期蓬勃发展的，该政府为与其友好的建筑界人士提供了慷慨的高楼建筑补贴）。但是，若说真正的粗野主义建筑在外观上存在不和谐之处，还算说到了点子上。这些建筑大肆宣扬着战后技术专家治理的福利国家的自信和潜

---

① 麦克米伦（MacMillan）政府，于1957—1963年执政。

力，它们不再纠缠于过去的帝国，没有了嶙峋手指般的大理石柱，也不再把工人藏在阴暗的贫民窟，而是让他们升到了高楼里，让大家看到他们，也让他们看到外界。但这并没有实现，许多高楼只是变成了空中贫民窟：这是20世纪70年代、80年代的政治与经济危机造成的，而不是20世纪60年代的建筑惹的祸。在彼时的危机之下，市议会急于把问题家庭赶到无人问津的地方，导致了沉沦社区的形成；其他因素则包括整个社区的蓄意失业，以及政府对这一群体所处的环境的蓄意忽视。

于是，高楼倒了。有些高楼施工时粗制滥造，需要拆除，但质量好一些的应像揣猎克塔一样，稍加改造后保留下来。尽管高楼存在诸多瑕疵，但它并非20世纪70年代社动荡的导火索。很明显，这是一种刻意的曲解，并成为抵制现代建筑的理由。正如欧文·哈特利（Owen Hatherley）和安娜·明顿（Anna Minton）等人激烈的辩论所示，粗野主义的论战实则是政治派系间的意识形态之争，而非纯粹的美学之争。美学因素不过是托词，以便让民间开发商兴建的住宅和更高阶层的议会纳税人取代市中心的社会（保障性）住宅及其居民。[21]

为了维护职业尊严，建筑师和城市规划师不遗余力地发声。对现代主义规划最有影响力的反对声音之一，是美国城市规划学者奥斯卡·纽曼（Oscar Newman）发表于1972年的论著《可防卫空间：通过城市设计预防犯罪》(*Defensible Space: Crime Prevention Through Urban Design*)。纽曼将纽约高楼街区较高的犯罪率完全归因于设计问题，忽略了诸如社会贫富差距、失业和药物滥用等琐碎因素。他认为这些建筑的公共空间（如楼梯、大厅、垃圾间）模糊，破坏了拥有感，导致无人参与维护治安，犯罪频发。建筑应该围绕视野开放的公共区域建造，以加强居民的领域感。

纽曼的理论看似有理，但必须指出的是，让揣猎克塔变得更安全的，并非某种设计出来的领域感，而是实实在在的锁和24小时的安保服务。这种高成本的解决方案对开发商和城市规划者来说没有多大吸引力，他们宁愿相信可防卫空间理论。1973年，英国埃塞克斯郡议会通过了影响深远的《设计指南》(*Design Guide*)，鼓励规划者以类似郊区带有尽端路①的半独立式住宅区取代市中心的高楼，纽曼的理论由此在英国推广开来。开发商当然喜欢这种设计，因为这样他们就有理由在不规则的地皮上提高建筑密度（即利润），无须再兴建昂贵的高楼；政府也喜欢这种设计，因为它是高效的权宜之计，并让官员得

---

① 尽端路（cul-de-sacs），指道路的一端尽头不与其他道路相连或相交的道路（即射线状道路），也称作"死胡同"。与死胡同不同的是，尽端路的尽头设有供车辆调头的袋状空间。

以回避社会上更棘手的结构性问题。然而，虽然尽端路适合喜欢窥视外部动静的人住，但事实上它们最后和高楼一样，成为犯罪的温床。由于尽端路车流量小，所以在这一带窥视的人比高速公路上少，这便引来了小偷。无论是"恐怖之塔"变成了理想住所，还是尽端路变成了地球上的毒瘤，这些转变均显示建筑会造成堕落的教条，本质上是有问题的。粗野主义未必会转化为粗野行为，而尽端路也不会——感谢上帝——把我们变成"郊区"的义务保安。

除了对居民的影响外，粗野主义的故事还有另一层寓意：其倡导者认为，混凝土建筑所带出的粗犷诗意诉说着事实。我们之前提到过建筑必须诚实的理念：维特鲁威坚持认为建筑应该模仿自然，例如石制神庙应忠实地再现其所依据的木制神庙。他还称怪诞装饰很糟糕，因为它们没有真实地再现建筑的构造。他说过，芦苇支撑不起屋顶。

今天，我们在某种程度上似乎回归了模仿型建筑，比如一些地标建筑的"灵感"来自奶酪刨[1]、贝壳[2]等。然而，18世纪中叶倡导的是，建筑应讲究结构上的真实，须忠实于自然

---

[1] 指位于伦敦的利德贺大楼（Leadenhall Building）。该建筑亦被称作"奶酪刨摩天楼"（the Cheesegrater）。
[2] 指位于阿布扎比的阿尔达总部大楼（Aldar Headquarter）。

的本质，而非仅仅模仿自然的外表。这在一定程度上是对华丽繁复的巴洛克建筑的回应。在巴洛克时期，每栋建筑均须经过大幅度扭曲，须从古典建筑中解放出来，也须假装优于古典建筑，并借由大量灰泥涂饰来强化或掩盖建筑的结构。相反，德国艺术史学者约翰·约阿希姆·温克尔曼（Johann Joachim Winckelmann）这类理论家，则主张对古代建筑进行更科学的研究，并将研究成果作为建筑革新的依据。这催生了新古典主义（Neoclassicism），讲究历史精确性的乏味建筑随之出现，比如巴黎的玛德莲教堂（La Madeleine）。但在19世纪的英国，类似的观念被哥特复兴主义者，如罗斯金和议会大厦的设计师奥古斯都·韦尔比·普金（Augustus Welby Pugin），用来审视中世纪建筑。出于种种原因，他们排斥古典建筑，其中最主要的理由在于它不诚实。普金带着天主教皈依者的热情，为这场争论增添了一层宗教色彩：

基督教（指哥特式）建筑的严谨，是反对任何欺骗的。我们永远不该用人工手法来美化一座为上帝建造的建筑。只有演戏的、江湖郎中、骗子这类人，才会使用那些世俗的、炫耀的手段。没有什么比把一座教堂建造得金玉其外、败絮其中更令人生厌的了，这是无法逃脱上帝无处不在的目光的。[22]

　　大约在同一时期，身在法国、信仰没那么虔诚的哥特派人士维奥莱-勒-迪克[①]也表达了对中世纪建筑的真实性的拥护，但理由却完全不同。他认为："建造过程的诚实，指的是要考虑材料的性质和特色。而那些纯粹关于艺术、对称和外在形式的问题，与主要原则相比，都只是次要的。"[23]这是在反对19世纪下半叶流于其表的历史样式复兴，同时他主张采用与时代精神（zeitgeist）相谐调的"无风格"的结构主义。重要的是，他提倡要大方、坦诚地使用现代建材，认为这有助于让建筑回归中世纪的诚实状态。中世纪的建筑师们对于时代和技术都是诚实的，他们不羞于展示自己是如何把建筑物组合起来的，而那些致力于复兴历史风格的人，却总想回归古希腊，用批量生产的陶土制作哥特式装饰，或者重复一些像金宫圆顶内嵌扶壁这样的小把戏。

　　维奥莱-勒-迪克说，应以铸铁取代飞扶壁。由此，他开始拥护某些外形怪异的建筑。那类建筑看似与诚实无关，反倒像是有意地运用铁的结构可能性来创造令人惊奇的效果，但这种做法呼应了中世纪的时代精神，也真实地表现了19世纪对宏伟建筑的崇拜。除了构想新的混杂建筑，维奥莱-勒-迪克还

---

① 维奥莱-勒-迪克（Eugene Viollet-le-Duc，1814—1879），法国建筑理论家、建筑修复者。

要还原历史建筑的真相。作为一名教堂修复工作者，他修复过包括巴黎圣母院在内的许多教堂，也修复过围墙环绕的卡尔卡松镇（Carcassonne）。他修复的目标并非重现中世纪建筑的原貌，而是它们本来应该有的样貌。这种无情的干涉主义即使在当时也颇受争议。他甚至还做了一些非常放肆的添加：巴黎圣母院著名的滴水兽，就完全是维奥莱-勒-迪克在19世纪的发明。这种做法诚实吗？他会说这超诚实，因为这更忠实于建筑物兴建之时的时代精神，而不是只忠实于石头遗迹。

最终，这种对时代精神的关注，被英国工艺美术运动（Arts and Crafts Movement）参与者赋予了更明确的政治色彩。壁纸设计师、社会主义者威廉·莫里斯（William Morris）不喜欢使用现代材料，因为那些材料是由彼此疏离、按件计酬的工人生产的。相反，他认为应回归手工制作和中世纪工坊的生产过程。当然，几个留着大胡子的车工永远无法满足新工业时代的大众，因为大多数人根本买不起手绘壁纸。莫里斯最后抱怨说，他沦落到了"为富人制作卑鄙的奢侈品"的地步。一些人则继承维奥莱-勒-迪克的精神，接纳现代材料，他们认为如果不这样做就不诚实，继而不能反映资本主义社会的真实状况。换句话说，用大理石饰板覆盖砖制或钢结构建筑是不好的，因为这样便掩盖了建造方式，会导致受众对政治现实的误解：大理石会让人联想到帝王拥有绝对权威的时代，是用来维持封建社会的奴性心态的；与其让工人费力地雕刻三角楣，不如让他们为大众建造住房。

整个20世纪，建筑愈发地被要求对历史诚实，这也是维也纳建筑师阿道夫·卢斯（Adolf Loos）于1908年发表《装饰与罪恶》（"Ornament and Crime"）的原因之一。在这篇文章里，卢斯以激烈的言辞表达了对忠实于时代精神的见解。

巴布亚人全身都文满了图案，他们的船、他们的桨……简而言之，就是所有他们能接触到的东西，上面都画满了图案。他们并不是罪犯。但文身的现代人要么是罪犯，要么是颓废的人。在有些监狱里，80%的囚犯都文过身。文过身的人，若没有坐牢，则要么是潜在的罪犯，要么是颓废的贵族。装饰自己的脸和身边物品的欲望是美术的起源。这是幼稚的、含混不清的绘画语言……对巴布亚人或小孩来说自然的行为，却成了现代人颓废的象征。于是我有了以下发现，希望传递给世界：文化的演进，等同于除去日常用品上的装饰。[24]

卢斯和柯布西耶等建筑师建造无装饰的白色别墅，其背后的原因正是如此。然而50年后，粗野主义者开始用第一代现代主义者的论点攻击他们，以子之矛攻子之盾：粗野主义者说，在20世纪的大部分时间里，建筑师的讲究诚实是装出来的。柯布西耶的早期作品看似由混凝土建造，其实用的是抹了灰泥的砖。格罗皮乌斯的法古斯工厂（Fagus Factory）看似由铁和玻璃建造，实则靠传统砖墙支撑着。然而，在柯布西耶的战后作品[例如马赛公寓（Unité d'Habitation）]的影响下，建筑的诚实有了新的表达方式：自此以后，混凝土可以看起来就是混凝土，不必抛光，更不用粉刷；砖就是砖、钢就是钢，建筑物的所有不同功能从外部即清晰可见，就像揣猎克塔独立的电梯楼一样。

完全裸露的建筑物虽不庄重，却令人振奋。史密森夫妇设计的亨斯坦顿学校（Hunstanton School），是粗野主义的传声筒；塞德里克·普莱斯（Cedric Price）的互动中心（Inter-Action Centre）基本上就是一堆拴在一起的活动房。它们都是赤裸裸的，却是震撼人心的，即便前卫作风多年来屡遭鄙视。事实上，还有比上述案例更好，甚至比柯布西耶的马赛公寓更早的案例：包豪斯学校校长汉斯·迈耶（Hannes Meyer）1928—1930年于柏林郊外兴建的工会联盟学校（Trades Union School）。1989年以前，这所学校一直躲在铁幕后面，大家误以为它在战争中消失了，或许正因如此，它未能跻身粗野主义的万神殿。从学校建筑外部看，结构元素完全可见，未经任何覆盖或粉刷。体育馆、楼梯间、宿舍和食堂等各种元素，都是清晰独立的个体，从外部便可识别；入口或会议厅之类的区域，均未经刻意装饰或强调，因此没有不恰当的仪式性的阶级感。这里使用的全是玻璃、钢、混凝土和砖等批量生产的"民主"材料，没有密斯·凡德罗①惯用的大理石或青铜，进而体现了美国当代建筑学者迈克尔·海斯（Michael Hays）所谓的"事实指示性"（factural indexicality）：换言之，这些材料仍带着原始成分的痕迹，能够诚实地反映生产时的社会环境。[25]

这个论点似乎颇具格调，甚至为最血腥、最丑陋的建筑赋予了美学魅力，但这不是最关键的一点。掩盖建筑结构或材料，可能会导致对社会运作方式的误解，因此带有反革命嫌疑。过时的建造方式同样糟糕，因此迈耶试图通过将包豪斯学校的班级改组为"工作队"，并分配给学生实实在在的项目，比如工会联盟学校，来彻底推动建筑行业及美学的革新。然而，当这座建筑在1933年被纳粹接管后，被改造成党卫军训练营，而没能让它的新使用者成为更好的人。同样，粗野主义的蔚为大观，亦没能阻止福利国家的解体——那些高耸入云的大

---

① 密斯·凡德罗（Ludwig Mies Van der Rohe，1886—1969），德裔美籍建筑师。

楼是社会民主主义最早败退的地方，楼内居民对私有化的大声疾呼，威胁着大楼的存亡。实话实说或许符合道德正确的抽象概念，但建筑不是抽象的，就算建筑的诚实对公众的道德有影响，其程度也难以衡量。你甚至可以持相反的观点，认为不诚实的建筑，比如阁楼风格的地下室、石板图案的漆布、带有石膏柱和仿石材覆面的双车库，能让人们过上更好的生活，至少能让人们在面上过上奢华的生活——如果你认为面上就足够了的话。

尼禄金宫的不道德，已不再能激起我们的愤慨；今天，它只是一件因美学和历史价值而受到重视的艺术品。随着时间的推移，即便是最重的罪行也会丧失惹人反感的能力。而较新近的建筑，则燃点着我们的批判热情。纳粹的举动在欧洲、北美和中东余波未歇，纳粹遗迹仍散发着不道德的气息。粗野主义之战则留下了更新鲜的伤口，今天人们仍在欧洲和北美的城市规划部门和投票箱中与它做斗争，在那里，社会民主及其载体已同时化为灰烬。建筑学界对这些不受欢迎的建筑重新燃起了兴趣，欧文·哈特利（Owen Hatherley）等作家和"去死吧粗野主义"（Fuck Yeah Brutalism）博客，因流露着战败者感伤的怀旧情绪而被贴上了"左翼的忧郁"标签，甚至被认为是未曾住过那些可怕的建筑脓包的中产阶级"文青"所表现出的滥情。（我曾住过低楼层公寓，那里的楼梯间的确弥漫着海洛因和呕吐物酸臭、甜腻的气味，但它也是坚固的，楼下绿树成荫，且比我之后住过的所有新房都宽敞，现在那里还安装了对讲机系统，可以阻止不速之客造访。）无论如何，回首过往未必会阻碍前进的脚步。正如马克思所言：

> 一切已死的先辈们的传统，像梦魇一样纠缠着活人的头脑。当人们好像只是在忙于改造自己和周围事物并创造前所未闻的事物时，……他们战战兢兢地请出亡灵来给他们以帮助，借用他们的名字、战斗口号和衣服，以便穿着这种久受崇敬的服装，用这种借来的语言，演出世界历史的新场面。

> ……在这些革命中，使死人复生是为了赞美新的斗争，而不是为了勉强模仿旧的斗争；是为了提高想象中的某一任务的意义，而不是为了回避在现实中解决这个任务；是为了再度找到革命的精神，而不是为了让革命的幽灵重新游荡起来。[26]

建筑会被打上历史的烙印，比如粗野主义建筑回溯了现代主义的黄金年代，普金用哥特式精致覆面包裹起古典比例的国会大厦。建筑是有形的记忆宝库，这将是下一章的主题。但回首过往必须带着批判性的目光，这样才能以新视角审视过往的道德议题。掀开过往的伤口，有助于让我们以史为鉴、继续前进。这也是批判史学家的任务——尼禄时代之后的罗马人谴责金宫逾矩，中世纪的学者谴责尼禄迫害基督教徒，19世纪的道德家谴责尼禄在性事和艺术上的堕落。在全球的联系日益紧密、不平等日益加剧的当下，当安巴尼们和切尔西财阀用怪诞的建筑摧毁着城市，尼禄的罪行改头换面，再度重演。

第三章

津加里贝尔清真寺,

廷巴克图

（1327年）

建筑与记忆

兹沃尔尼克从没有过任何清真寺。

——兹沃尔尼克（Zvornik）的塞尔维亚族市长布兰科·格鲁吉克（Branko Grujic），在占该市人口60%的穆斯林被驱逐、十几座清真寺被毁后[1]

　　1324年，马里帝国国王穆萨（Musa）前往麦加朝圣，朝圣队伍浩浩荡荡，400年后仍为人津津乐道。"他出发时盛况空前，"17世纪的马里编年史作者写道，"6万名士兵和500名奴隶为他开道，每个奴隶手里都拿着一根由两公斤黄金制成的权杖。"[2]随行的有政要权贵、轿子、数以百计的骆驼和妻妾，共携带了2200磅黄金；穆萨的王国是中世纪最富有的王国之一，当时西方2/3的黄金都来自他的矿山。他穿越北非时的花销，彻底破坏了地中海地区的经济平衡。一个开罗人曾回忆，"他们到来之前，埃及黄金的价格一直很高"，由于穆萨的黄金大量涌入市场，当地货币急速贬值，"这种状况至今已持续了大约12年"。[3]穆萨的财富不仅给所到各国留下了深刻的印象，他的名声也传遍了欧洲。一张1375年的西班牙地图上有一张他的画像，画中的他拿着一个鹅蛋大小的闪闪发光的金块，他的城市廷巴克图（Timbuktu）则成了财富、神秘和与世隔绝的代名词。

　　在撒哈拉沙漠的南部边缘，沙漠逐渐融入绿色的大草原，那里有一个被非洲人称为萨赫勒（Sahel，阿拉伯语，"海岸"

之意）的地区，是一大片从大西洋延伸到红海的半干旱土地。穆萨的王国就坐落在萨赫勒的西部、尼日尔河最北部的河湾旁。廷巴克图是这个国家最伟大的城市之一，是重要的贸易站，在这里，阿拉伯人展开奴隶交易，南方的黄金被拿来换取沙漠中的岩盐，多达3000头骆驼组成的商队穿越撒哈拉沙漠后，卸下来自各国的货物。11世纪，伊斯兰教通过贸易传到这里，不像在北非那样借由武力征服而传播，但穆萨的多数子民并未改变信仰。流动各地的穆斯林学者被马里富人可能提供的资助吸引了过来。事实上，从麦加到这里的路并不是单行道：在穆萨之前，已有先辈前往麦加朝圣，只不过声势从未如此浩大。

穆萨游历了伊斯兰文明的数个枢纽，发现了许多吸引他的东西：在开罗，他收集到了伊斯兰法律书籍；在麦加，他收获了先知的后裔；还招纳了一名安达卢西亚的诗人建筑师萨希里（Sahili）。一年后，远征的队伍返回西非，萨希里为穆萨督造了一座华丽的圆顶谒见厅，其石膏天花板精雕细琢，刻有优雅的书法装饰。14世纪末，伟大的历史哲学家、萨希里的安达卢西亚同胞伊本·赫勒敦（Ibn Khaldun）曾写道："这个国家尚不知何谓建筑，因此苏丹^①被迷住了。"[4]

---

① 苏丹（Sultan），某些伊斯兰国家统治者的称号。

赫勒敦其实从未去过廷巴克图，但是200年后，来自摩洛哥菲斯城、后来进了教皇利奥十世宫廷的穆斯林学者利奥·阿非利加努斯（Leo Africanus）去过廷巴克图，并记录了一个阿拉伯人口口相传的说法：廷巴克图的一座大清真寺也是萨希里建造的。这指的应是穆萨委托萨希里修建的津加里贝尔清真寺（Djinguereber，或称星期五清真寺），它虽以泥砖建成，但依然存在至今。其金字塔形宣礼塔的斜面上带有木制梯级，看上去像豪猪的尖刺，它们并无结构性功能，而是一种永久性的脚手架，供人们定期为清真寺铺新泥时使用，以防止这座建筑慢慢化作沙土。萨希里的作品以当地的泥砖复制安达卢西亚的伊斯兰建筑形式，开创了一种全新的萨赫勒建筑样式。在他的影响下，加奥（Gao）和著名的杰内（Djenné）等马里城市也建起了类似的清真寺。杰内大清真寺是世界上最大的泥砖建筑。

但是，当阿拉伯和欧洲作者声称是萨希里将真正意义上的建筑引入了西非时，我们应从中听出一些弦外音。他们的历史观常常渗透着阿拉伯本位主义者与欧洲人的观念，进而不认同非洲可能拥有地方建筑传统，当然更不会以"建筑"二字赋予这项传统应有的尊严。相反，他们暗自假设：自古以来非洲人就住在一成不变的陋室里，而非洲建筑（及建筑史）是伊斯兰教传入或欧洲殖民之后才有的。但是仅凭一己之力把建筑引入一地，甚至一并引入伊斯兰样式，确实有点不可思议，况且马里此前就有清真寺，在穆萨之前也有其他君主曾去往麦加朝圣。更奇怪的是，在非伊斯兰区，比如马里中部的多贡（Dogon）部落，也能找到类似的嵌有梯级的泥砖建筑。相关的谜题一直延续到今天。

所有这些谜题的成因在于，纪念性建筑承载着国家和群体的记忆，无论是像泰姬陵这样有意兴建的建筑，还是帕拉廷山[①]上矗立了数百年、据说罗穆卢斯[②]居住过的小屋，都是如此。["纪念碑"一词的英文"monument"源自拉丁文"moneo"（唤起记忆）；其德文"denkmal"则带有说教色彩，含"好好想想吧！"之意。]因此，人们屡屡为纪念性建筑的意义与实体奋战。时至今日，马里的遗产依然备受争议，人们不仅在学术期刊上发表文章，还动了手。2012年，伊斯兰教主义者袭击了津加里贝尔清真寺；2006年，杰内一座清真寺的修复引发了暴动。

纪念性建筑看似永恒，实则像记忆一样飘忽不定：会被损坏、毁掉、修复并赋予新的意义，它们的意义就像它们塑造的话语一样频繁变化。纪念性建筑作为记忆的载体而受到挑战的例子数见不鲜：巴士底狱的陷落及其遗迹保护，便代表着遗忘

① 帕拉廷山（Palatine Hill），位于罗马中心地带，为建城之初的重要宗教、政治中心。
② 罗穆卢斯（Romulus），罗马神话中的罗马城奠基者。

（专制的过往）与记忆（旧政权的溃败）间的纠缠；在荷兰，圣像破坏者将象征西班牙天主教规范的壁画刷白，并清空壁龛，宣告神圣的偶像已不复存在；被颠覆得更彻底的是尼禄的皇宫，它永远地被埋在了后继王朝的公共浴池下，但是尼禄的巨型雕像依然存在，还加上了光环，以太阳神的身份重生，并成为在尼禄公园遗址上建起的竞技场名称的由来。①

在这一章中，我将重点介绍建筑的纪念功能，探索它们为何而建、为谁所用。瓦尔特·本雅明（Walter Benjamin）逃离了那个执着于纪念过去的政权后，写道：

任何曾展现胜利者姿态的人，都加入了当前统治者庆祝胜利的行列；随着这行列，现时的统治者从匍匐在地的被征服者身上踏过。依照传统的做法，战利品也由凯旋的队伍携带着。这些战利品被称为文化财富，而历史唯物主义者则以一种谨慎而超然的态度审视这财富。在他们看来，这些财富无一例外地有一个根源，细思极恐。[5]

纪念性建筑通常是由历史上的胜利者建造的，且常如本雅

---

① 尼禄曾在金宫为自己竖起一尊30米高的巨像（Colossus），后世的帝王将其改造为太阳神巨像并搬到一座圆形剧场外，这座剧场就是后来的罗马竞技场（Colosseum）。

明所言，是"野蛮行径的记录"。例如，位于罗马广场的提图斯
凯旋门（Arch of Titus）在19世纪成为世界各地凯旋门的范本，
其中包括巴黎凯旋门。提图斯凯旋门是为纪念公元72年镇压耶
路撒冷而建造的，其中一块饰板描绘的是罗马人掠夺遭毁坏的
犹太神庙时烛台被搬走的情景。尽管纪念性建筑往往是有钱有
势的人建造的，但是也常常被大众改造，进而或多或少地添上
一些建造之时未想表达的含义，比如2000年伦敦"五一"游行
示威期间丘吉尔雕像头顶上那缕精心制作的莫西干发型草皮。

　　20世纪新闻摄影的出现，意味着这些信息可以传播给更
多的受众，信息本身甚至可以获得某种永恒性或图像式的纪念
性。正是在这个时期，评论家开始质疑纪念性的意义，转而
推崇轻盈的游牧生活。超现实主义者乔治·巴塔耶（Georges
Bataille）曾抱怨说："庞大的纪念性建筑像水坝一样矗立着，
以威严、权威的姿态对抗着所有不安定因素；教会和国家以
教堂和宫殿的形式与民众交流，并强制他们保持沉默。"[6]美
国学者刘易斯·芒福德（Lewis Mumford）曾描述过纪念性建
筑的沉重："石头和砖块的永恒性，使他们藐视时间，最终藐
视生命。"[7]第二次世界大战后，甚至出现了一股"反纪念碑"
（counter-monuments）热潮，旨在将僵化的、说教式的纪念性
建筑拉下神坛。毫不意外，德国是这项运动的发源地。而杰内

大清真寺近年发生的暴乱（当地居民反对政府及国际组织干预他们的建筑物）则表明，官方兴建的宏伟的纪念性建筑，也会充满与当权者意图不符的意义与记忆。那么，这些"野蛮行径的记录"，能用来对付野蛮行径本身吗？

◇

纪念性建筑的原型埃及金字塔是非洲的。约4600年前建造的左塞王阶梯金字塔（The Step Pyramid of Djoser）是现存最古老的石制建筑之一，其建造者伊姆霍特普（Imhotep）是首位名垂青史的建筑师。建造这座金字塔的过程中，需要消耗大量的时间、金钱和生命。它的建成代表了建筑上的巨大飞跃，也体现了一种专注于记忆的文化。在建筑方面，希腊人是埃及人的学生，当时希腊人显然很留意埃及人的做法：古代的另一项建筑奇迹哈利卡纳苏斯[Halicarnassus，今土耳其的博德鲁姆（Bodrum）]国王摩索拉斯（Mausolus）的陵墓顶部，就是一个巨大的阶梯金字塔。

这座建筑是近亲通婚的纪念碑，由摩索拉斯的遗孀——也是他的妹妹——在他去世后的公元前353年建成。这座建筑由一对希腊建筑师设计，带出了一种全新的建筑类型：主体建在一个高高的基座上，四周柱子环绕，类似神庙，但顶部没有三角楣或门，取而代之的是建在顶上的金字塔。一位罗马诗人说，这座金字塔似乎"悬挂在半空中"，下方是柱廊的层层阴影。今天我们只能通过语焉不详的古代文字记载了解这座陵墓，因为它已被摧毁，可能是因为地震，遗迹的石材又被挪用于建造十字军城堡。然而这座陵墓的生命却借由它的复制品和名称而得以延续：罗马人称奥古斯都皇帝的陵墓为"mausoleum"。

建造这些建筑的初衷是希望借此让统治者永远活在人们心中，也为纪念逝者提供场所。在人们的膜拜中，统治者成为不朽的神祇。崇拜者当然也是无事不登三宝殿的：人们来到这些看得见摸得着的象征着不朽的场所，向已故的法老或帝王寻求帮助，尽管有些仪式突出表现的是对效忠某政权或王朝的号召，而非人民的虔诚。相应地，这些自大的纪念性建筑不时地遭到人为的毁坏，这股力量不仅来自民众，也来自政敌。萨达姆雕像被推倒时，虽然有巴格达市民为之欢呼，但那其实是入侵者为了摄影而精心设计出来的场景——雕像所在的广场已被美国海军陆战队封锁，最多容纳150人，其中包括士兵和记者。[8]

从萨达姆的雕像可以看出，用纪念性建筑将统治者神化并非古人的怪癖。这种做法延续到了20世纪，且被大幅度延伸，而萨达姆用于助长个人崇拜的遗迹，与宏伟的列宁墓相比，简直相形见绌（列宁墓形如阶梯金字塔）。人们要排好几个小时的队才能进入建筑内部，瞻仰躺在棺材里的遗体。而这类建筑引发的争端和对抗，则提醒我们任何狂热崇拜都会引来批评和质疑。现在多数俄罗斯人都认为列宁遗体应该安葬，他的石棺历年来屡遭攻击。

最具争议的现代陵墓，或许是西班牙马德里郊外的烈士谷（Valle de los Caidos）。这处庞大的建筑群由佛朗哥①为纪念西班牙内战而建，设有修道院和地下教堂，顶部设有150米高的十字架，从20英里外就可以看到。1940年动工时，佛朗哥宣称：

我们的改革规模、英雄为胜利所付出的牺牲，以及这场史诗级的行动对西班牙未来的深远意义，是无法以单纯的、一般城市和村庄纪念历史上西班牙子民丰功伟绩的纪念碑来纪念的。即将在此处立起的石头，必须像古老纪念碑一样庄严宏伟，无惧时间和遗忘。[9]

但是如果佛朗哥想通过纪念碑来挑战死亡，那恐怕是徒劳：西班牙社会党政府在2004—2011年执政期间通过了《历

---

① 佛朗哥（Francisco Franco，1892—1975），西班牙独裁统治者，于西班牙内战胜利后任国家元首。

史记忆法》(*The Law of Historical Memory*)。依照该法的相关
条例，西班牙本土所有公共场所的佛朗哥雕像都被移除了。在
此期间，烈士谷本身也受到了愈加严格的审视。同情者视烈士
谷为内战和解的纪念物，因为它的地下室里存有双方战士的遗
体。但事实上，埋葬在这里的3.4万名罹难者绝大多数是国民军
和法西斯主义者，后来因害怕受到批评，共和党人的遗体才被
移了进来，且遗体搬运工作通常是在夜深人静、未经逝者家属
允许的情况下进行的。这并不是什么寻求和解的姿态，考虑到
至少有14位共和党人被迫从事烈士谷的兴建并因此身亡，就更
是如此。若对这座纪念性建筑的用途存疑，不妨看看圣坛后方
仅有的两座坟墓埋葬的是谁：一位是西班牙法西斯政党长枪党
的创始人何塞·安东尼奥（José Antonio），1959年佛朗哥将他
的遗骸埋葬在这里；另外一位则是佛朗哥元首本人，他的遗骸
就葬在一块简易的石板下，每天都有崇拜者前来献花。

在20世纪意识形态狂潮和世界大战的笼罩下，纪念碑建造
者大有用武之地。尼采早在1874年就批判了19世纪对"丰碑
历史"[①]的迷恋，维也纳艺术史学家阿洛伊斯·里格尔（Alois

---

① 丰碑历史（monumental history），即尼采所区分的人类利用过去的三种基本形式之一。
历史的"丰碑"概念是由"实干家"们提出的，他们认为当代文化充满堕落和自恋，
因此他们试图振兴过去那些使人变得高尚的东西，来阻止当前文化堕落的趋势。

Riegl）于1903年写作了《纪念碑的现代崇拜》（"Modern Cult of Monuments"）一文，然而，接下来几十年出现的纪念碑热潮是他们始料未及的。解放与征服、领袖与工人、战胜与战败等林林总总的纪念碑在欧洲和亚洲遍地开花，其中许多纪念碑不像佛朗哥之墓那样具有争议，例如建于北欧、纪念第一次世界大战死难者的大型墓地。在这些纪念碑中，鲁琴斯设计的拱门是最具特色的一个。这座建筑位于法国蒂耶普瓦勒（Thiepval），是一个庞大的解构式建筑，它并非像传统的凯旋门那样歌颂胜利，而是在诉说失落——纪念索姆河战役中7.2万个尸骨无存的人。拱门的设计恰如其分地体现了这种"缺席"，整体造型使人联想到被轰炸的大教堂，中央的大型拱门代表教堂的中殿，两旁的次拱则代表这座幽灵般的建筑的侧廊。但是，即便这座纪念碑传达了沉默的平民所承受的痛苦，它仍是代表着国家与军事的圣殿。

第二次世界大战导致德国人对过往产生强烈的反感，以至于出现了一批詹姆斯·杨（James Young）所谓的"反纪念碑"，尽管姗姗来迟。其中最为人瞩目的是由艺术家格尔茨夫妇（Jochen and Esthel Gerz）设计的反法西斯纪念碑（Monument Against Fascism）。这座纪念碑建于1986年，位于汉堡沉闷的郊区哈尔堡（Harburg），是一根12米见方的黑色铅柱，每隔一段时间就埋入地面一截。艺术家邀请参观者在铅柱表面留名，意在表达"这座反纪念碑不仅仅是为纪念反法西斯的动力，更是要打破艺术品和观者之间的阶级关系"[10]。不可避免地，柱子上很快便布满不守规矩的涂鸦，主要是各种各样的"到此一游"，也不乏新纳粹与反纳粹的政治主张。这座纪念碑最具话题性的是，一旦人们够得着的部分被写满，就会被埋起来，直到最后整座纪念碑彻底消失——这确实是一个真正的反纪念碑姿态。此外，每当纪念碑下沉时，当地政要、媒体和公众人物都会前来观看，为反法西斯主义纪念碑的逐渐消失而欢呼，艺术家则由此传达出随着战争的痛苦记忆逐渐褪去，观者所获得的一种解脱。正如尼采所说："成就幸福的，向来是忘却的能力。"[11]

反纪念碑自带反崇拜性质，是特定时期、特定地点的产物，源自现代主义者对纪念性的批判和战后欧洲的政治气候。但很多时候，对纪念碑的攻击是对官方文化的地下批判。16世纪新教徒破坏荷兰教堂里的圣像，就是出于政治和宗教动机，意在向西班牙统治者及天主教会传达信息。

正如马里遭破坏的清真寺所示，信仰常常是破坏文物的强大动力。在我撰写本文时，马里这个曾是新自由主义者、援助机构和西方感伤主义者宠儿的国家，政局一片混乱。2012年军事政变后，伊斯兰团体和已宣布独立的图阿雷格（Tuareg）游牧民族用利比亚卡扎菲政权倒台后得到的武器，掌控了马里北部的大部分地区。多家媒体的大篇幅报道称，在此期间许多苏菲派（Sufism）神庙和陵墓遭到了破坏，甚至有人估计，半数以上的神庙在劫难逃。在马里，这些陵墓意义重大，因为当地多数穆斯林信仰苏菲派教义，相信圣人比普通人更接近真主，通过参观纪念他们的神庙或陵墓，人们可以请他们向真主祈求宽恕。廷巴克图（亦称"333圣人之城"）拥有众多苏菲派陵墓，但在2012年的暴力事件中，许多陵墓被推土机夷平，两座附属于津加里贝尔清真寺的陵墓，也被用镐毁坏。

外国媒体的反应相当强烈，甚至像阿富汗塔利班炸毁阿富汗巴米扬大佛（Bamiyan Buddha）时一样，大肆指控基地组织与此有关。事实上，捣毁佛像的阿富汗人、本·拉登的同伙（其破坏行动多以西方为对象）、马里的反叛军，三者间只有微弱的联系。而他们明显的共同点，就是对纪念性建筑的蔑视。有人引述一名自称"伊斯兰卫士"（Ansar Dine，暴动期间占领廷巴克图的伊斯兰武装组织）发言人的言论："就没有世界遗产这一说，它根本不存在。异教徒不该介入我们的事情。"[12]这些组织选择知名度高的打击目标，部分原因是为了掩饰其相对弱小的力量，而他们这一招确实引来了关注，同时这也证实了他们所隐含的批判：相比之下，马里人（或阿富汗人）的性命是那样微不足道，这无不暴露了西方政府的伪善，而且在轰炸这些国家的时候，根本不顾及当地的伊斯兰建筑，在这里，西方自由主义者所拥护的"普世价值"毫无人性可言，仅被用来为前殖民统治者的父权干涉做辩护。

事实上，除了向西方传递信息外，马里所发生的破坏圣像活动更重要的意图在于向国内提出政治主张，既号召同情者支持他们的事业，同时又打击反叛军想要挣脱的腐败的马里政府。而当反叛军声称要传播"纯净的"伊斯兰教时，正如历史学家艾米丽·奥戴尔（Emily O'Dell）所言："在摧毁这些被奉为偶像的坟墓和遗体、重复杀害死者时，伊斯兰卫士背叛了自己所传递的信息，因为他们的行为等同于以意象交换政治与宗教势力。"[13]

20世纪还发生了大量非伊斯兰教徒破坏穆斯林纪念性建筑的事件，例如，南斯拉夫的基督徒在90年代的激烈战争中摧毁了几乎所有16世纪的奥斯曼清真寺，而印度的印度教徒则在1992年摧毁了拥有430年历史的巴布里清真寺（Babri Mosque），并引发骚乱，导致2000多人丧生。通过否认自己国家的伊斯兰历史，这些破坏分子企图剥夺穆斯林当下在该国生活的权利。虽然信仰动机往往是摧毁纪念性建筑的导火索，但是在20世纪，共产主义国家的无神论者也大规模破坏纪念性建筑，试图让民众放弃宗教信仰，变成唯物主义者。1931年，斯大林炸毁了俄罗斯最大的教堂——莫斯科的基督救世主大教堂（Cathedral of Christ the Saviour），以为筹建中的苏维埃宫（Palace of the Soviets）让路。这座19世纪的大教堂当初是为美化专制的沙皇政权而建造的，在建筑设计上并不起眼，远不及带有炫目圆顶的圣巴西尔大教堂（St. Basil's Cathedral）。它的消失可以说不算什么重大损失，但对东正教教会来说，这无疑是一个创伤。

为征集大教堂替代建筑的设计，俄国举办了一系列高规格的国际竞标，并鼓励国际建筑界精英参加。参赛者包括勒·柯布西耶、瓦尔特·格罗皮乌斯、埃瑞许·孟德尔松（Erich Mendelsohn）和几位苏联现代主义者，比如莫伊谢伊·金兹伯格（Moisei Ginzburg）和维斯宁兄弟（Vesnin brothers）。但组委会最终选定的却是一个古怪的新古典主义设计方案，这惹火了柯布西耶。这项决定常被视作现代主义遭斯大林派劣质建筑碾压的象征：这座宫殿是一座巨型高塔，外观为装饰艺术风格，顶部设有一尊巨大的列宁像，其手臂指向天空。一名参观参赛作品展的俄罗斯人在留言簿上写道："这简直就是个乡下演员的姿势。"[14]

这座宫殿本该像它所取代的教堂一样具有纪念意义，却并未竣工。地基浇上了，钢架架好了，但是因为打仗，大梁被回收并用于战争。尽管如此，直到20世纪40年代，这座宫殿依然存在于苏维埃的想象中，其模型在国内外展览过，奖章、壁画、纪念册甚至纪录片中，均出现过这座宫殿的形象。但在1958年，即赫鲁晓夫发表谴责斯大林的"秘密报告"的两年后、大教堂被炸毁的27年后，原址上开始修建泳池。一些人或许认为在这里建泳池不够庄重、流于民粹，但是在一个经常冰封的城市中央建造世界上最大的露天泳池，而且那里本来是要建一座服务于个人崇拜的宏伟建筑，我倒认为这是一种乌托邦式的民主姿态（尽管不喜欢游泳的人可能不认同这个观点）。这个圆形泳池在莫斯科的冬天冒着热气，直到1995年市长决定在这里重建大教堂。重建的救世主大教堂比之前的更难看，而这次重建也充分表明了后苏联时代政府工作的轻重缓急——人民的泳池没了——以及与极端保守的东正教教会达成的和解。如同在民众的冷眼下依然屹立于斯的列宁墓，这座大教堂亦表现出在打造新的民族神话时，俄罗斯想要记住什么、忘记什么。

◇

做修复时，我们不可避免地把过去塑造成了我们想要的样子。有时，修复工作完全无视历史精确性，比如维奥莱-勒-迪克19世纪修复巴黎圣母院时妄加的滴水兽。当时，法国和英国围绕着建筑修复展开了激烈的争辩，不仅如此，摄影技术的问世让建筑物得以被更精准地记录下来，风格的意义及其与时代精神的内在关联也存在争议，这些因素无疑火上浇油，使争辩愈发激烈。罗斯金将建筑视为重要的记忆宝库："没有建筑，我们或许依然可以活着、可以崇拜，但无法记忆。"他敦促保护古老的纪念碑，认为这样能够"真正有力地征服人类的健忘"。然而，他坚决反对修复建筑物，特别是维奥莱-勒-迪克刮除建筑物上随时间流逝而形成的沉积与磨损的做法。罗斯金抱怨道：

修复是对建筑物最彻底的破坏：这将导致建筑物无法留下任何可供收集的残片，同时，这种做法以虚假的方式描述所毁之物……如同人无法死而复生，休想通过修复工作唤回建筑物的伟大与美……建筑所固有的那种精气神，只有建造者的双手和双眼能够赋予，无法为后世唤回。[15]

他反对修复古建筑，是因为在他看来建筑展现了一个国家某个历史时刻的真实面貌，故应对其原貌加以保护，这样才能让这个国家及其悠久的价值观得以永存，当然，对于这些价值观的解释，是可以仁者见仁、智者见智的。在罗斯金看来，承载这种价值观的是哥特式建筑和基督教社会主义，同时，他以这种价值观对抗着工业化的现代性。但是，尽管他的"反修复"哲学后来由威廉·莫里斯于1877年成立的"古建筑保护协会"（Society for the Protection of Ancient Building）继承了下来，并成为建筑保护的正统之道，却也导致了老旧建筑与在世者之间的冲突局面。如果保护建筑就是要将建筑封存、使其隔绝于现代性之外，那么这些建筑就会失去功用，甚至成为负担，妨碍人们改善生活和环境。

建筑所承载的记忆与遗忘、真实与虚构记忆的张力延续至今，莫斯科救世主大教堂的复生，以及18世纪的柏林宫（Berlin Palace，战后被东德拆除，以腾出空间建造人民宫，两德统一后，人民宫又被摧毁）的重建，便印证了这一点。杰内大清真寺则是另一处记忆战场，近年来那里还染上了鲜血。

2006年，阿卡汗文化信托基金会[Aga Khan Trust for Culture，阿卡汗是伊斯兰什叶派主要支派伊斯玛仪派（Ismailism）中最大支派尼查里派（Nizari）的首领]派出一个小组去视察这座泥砖清真寺的屋顶。这座清真寺的结构是会消融的，面临着被冲刷殆尽的危险，因此，镇上的人每年都会举行"抹灰节"（fête de la crépissage），为这座建筑重新敷泥。这时，嵌在建筑立面的木头梯级便派上了用场，成了脚蹬和把手。尽管每年一度的敷泥保护了这座建筑，但多年下来，屋顶和墙面上增加了数吨泥浆，原本线条明快的清真寺变成了一个臃肿的大怪物，建筑结构的整体性亦受到了威胁。当镇民发现阿卡汗基金会的人在视察他们的清真寺屋顶时，一场激烈的冲突爆发了，建筑保护工作者被迫逃离。暴动者继而毁掉了伊拉克战争期间美国大使馆为示好而装设的通风器，一人在随后与警方的冲突中丧生。

这一事件并不单单是本地人抵制外国人干预地方遗产，因为地方行政长官、市长、中央政府的文化代表处等办公室也遭到了破坏，甚至连清真寺伊玛目①的几辆车也未能幸免。通过向权威人物发起全面进攻，人们发泄着对整个阶级政治的怒火——这也难怪，因为杰内（和整个马里）在过去几十年里遭受着没完没了的打击，当地人民基本上没享受过任何好处。1988年，和廷巴克图的津加里贝尔清真寺一样，杰内大清真寺和这座城市里许多有历史的建筑都被列入了联合国教科文组织的《世界遗产名录》，随后援助机构和游客带来了大量金钱。但是，当政府部门靠这棵摇钱树赚得盆满钵满时，老百姓却不得不住在自认为次等房的老旧房屋里，因为这些房子被联合国教科文组织认定为世界遗产，便意味着不能对它们进行现代化改造。当地一位居民一针见血地

---

① 伊玛目（Imam），由阿拉伯语音译而来，意为领拜人。

说：“谁想住在只有泥土地的房子里？”

　　杰内颇具影响力的石匠公会会长马哈马姆·巴莫耶·特拉奥雷（Mahamame Bamoye Traoré）说：“如果想帮助别人，就必须以他想要的方式帮助他；强迫他以某种方式生活是不正确的。”并说，一间特别小的、没有窗户的泥土地小屋“根本不算房间，当墓地还差不多”。[16] 他的比喻有力地呼应了20世纪中期现代主义者的批评；尽管巴塔耶曾警告说“石制的纪念性建筑会扼杀人们的生活”，但我们没听进去。正如马里人所发现的，泥土也会扼杀生活，只有住在远方、怀有“泥土乡愁”①的人，才喜欢泥土，他们把这种看似未受破坏的生活方式理想化了。

　　阿卡汗基金会的人没有被之前遭遇的暴力吓倒，于2009年卷土重来，继续修复杰内大清真寺。但是他们到底在修复什么？是根据谁的记忆在修复？事实上，杰内大清真寺可能是外来者支配马里身份的产物：大清真寺的前身建于13世纪，19世纪在纯粹派政教领袖阿赫马杜·洛博（Seku Amadu）的允许下拆除。阿赫马杜随后在这里建了一座简朴得多的清真寺，没有任何装饰。然而，19世纪末法国人征服马里后，想在这里推广一种不同的、更具包容性的伊斯兰教，于是他们摧毁了阿赫马

① 此处原文使用了（法语）“nostalgie de la boue”，直译为“对鄙俗之物的膜拜”；作者以英文“nostalgia for mud”做进一步诠释，意即“对泥土的怀念”。

杜的清真寺，于1907年建造了现在这座建筑。关于这座建筑能否代表"正宗的马里"，存在着激烈的争论：即便在当时，也有一位熟悉原清真寺遗迹的法国观察者称这座新建筑是"刺猬和教堂管风琴的混合物"，并说它的锥状塔楼让建筑物看起来像"献给栓剂之神的巴洛克神庙"[17]。还有批评者称，其对称感带出的纪念性是欧洲强加的，而立面的三座锥状塔楼配上顶部的"鸵鸟蛋"，则确实酷似哥特式大教堂。这会不会是个纪念性的伪记忆症候群病例（况且又是法国人干的），即罗斯金1849年所反对的维奥莱-勒-迪克对建筑的过度修复？

无论这座建筑是法国殖民式的还是马里式的，总之阿卡汗基金会认定建于1907年的清真寺是"正宗的"清真寺，并开始刮除100年来其外墙上积累的层层泥土。他们这样做一方面是为了保护建筑物的结构，因为在额外的负重下，结构体已经弯曲变形（其中一座塔楼已在暴雨中坍塌）；另一方面则是试图探寻这座建筑的真正本质，即藏在表皮之下的东西。但如果它的真正本质就是这层表皮呢？——如果原来的清真寺是法国人建的，那么，最真实的东西或许莫过于当地人用身体在泥土上留下的印记，以及由他们的涂抹导致的建筑物的逐渐形变。

坐拥沙特阿拉伯石油财富的伊玛目对目前的清真寺也有疑虑，并想把它改造成中东风格的建筑，在外部贴上绿色瓷砖，在顶部加上金色尖塔。然而，联合国教科文组织与马里中央政府的文化代表处联手搁置了这项改造计划，至今都未启动。马里受到了来自西方（联合国教科文组织和美国大使）与东方（阿卡汉基金会和伊玛目的沙特阿拉伯资助人）的双重干预，且这两方的意见还相互矛盾。这是否是外国人将自己的想法强加于马里并否认非洲艺术创作者身份的例子？抑或个体艺术创作者这个概念本身，就是外国人强加的？大清真寺毕竟是由一群当地工匠建造的，他们将技能代代相传。若是如此，那么这些建筑必定是最正宗的，因为比起个体艺术天才的神话或外国人强加的书面历史，口传的集体传统更能真实地传达非洲身份。可以说，这种口传传统就好比抹灰节——杰内人由此将建筑实务的知识代代相传，让当地人都参与到清真寺的修护中。

　　但是，口传传统真的更能代表"真正的非洲"吗？抑或这是又一个把非洲描述成文盲大陆的浪漫想象，即便大量证据表明非洲人是识字的？毕竟，廷巴克图和杰内在过去的好几个世纪一度是学术中心和国际图书贸易枢纽。今天，该地区仍有很多中世纪的手稿，其中多数藏于私人图书馆，尽管一些组织一直在国际上努力收集，例如组建于2010年、由南非人集资成立于廷巴克图的艾哈迈德·巴巴研究所（Ahmed Baba Institute）。当地人不愿让别人把自己的书拿走是情有可原的，因为法国人在殖民时期也曾试图偷走他们的藏书，而对于这个久经风霜的国家来说，这些珍贵的皮面书籍则是联结当下与过往的重要纽带。近来的冲突也波及了这些书籍：和苏菲陵墓一样，这些书籍也代表了改革者想抹去的一段伊斯兰历史。在法国人将叛军赶出廷巴克图前不久，艾哈迈德·巴巴研究所遭洗劫，若干古籍被烧毁。幸亏马里人在应对文物破坏方面颇有经验，研究所的学者明智地将多数书籍事先藏了起来。这些手稿的存在证明非洲并非文盲大陆，建造马里清真寺的，也并非无名无姓、不专业或对历史传统一无所知的莫名地从非洲"群众"中冒出来的人。我们知道1907年重建清真寺的杰内首席泥瓦匠是伊斯梅拉·特拉奥雷（Ismaila Traoré），而担任阿卡汗基金会修复顾问的当地建筑师阿布德·艾尔·卡德·福法纳（Abd El Kader Fofana）曾在苏联学习，会说俄语和汉语。马里的建筑传统或许是口传的，但这无法阻止建筑物随时间的推移发生变化，或与国际潮流融合——早在穆萨国王朝圣之前便已是如此。

在干燥和潮解的不断威胁下，马里的清真寺可能会化为沙漠尘土。清真寺的形变，以及信徒们每年对它们的重塑，都可能让它们看上去与巴塔耶或芒福德等现代主义者所批评的纪念性建筑大相径庭。芒福德将纪念性等同于永久存在的石头。泥砖建筑或许不够真实，但"杂交"的杰内大清真寺却和照顾它的人一样永久；巴塔耶和芒福德质疑纪念性建筑会给社会带来沉重的负担，相应地，廷巴克图和杰内那些被联合国教科文组织认定为文化遗产的建筑，已让当地人的生活陷入水深火热之中。消融的泥土和大清真寺引发的暴动提醒我们，没有任何纪念性建筑能像我们想象的那样坚若磐石；袭击马里苏菲陵墓的穆斯林极端分子则告诉我们，并非人人认同联合国教科文组织宣扬的所谓世界遗产的普世价值。

　　参加近年马里暴动的，有不少是图阿雷格族人。虽然这个撒哈拉游牧民族传统上属苏菲派，但许多图阿雷格人，尤其是数十年来一直煽动在马里北部建立独立国家阿扎瓦德（Azawad）的人，近来开始与改革派穆斯林结盟，一道毁坏廷巴克图的苏菲派圣殿和书籍。几个世纪以来，欧洲人和阿拉伯人对游牧生活抱有浪漫的想象，而游牧民族的帐篷亦受到批判纪念性城市者的推崇，被视为一种更为轻盈的居住选择。19世纪的东方学家、探险家理查德·伯顿（Richard Burton）曾乔装进入麦加[他还出版过颇具争议的未经删节的《天方夜谭》（*Thousand and One Nights*）和《爱经》（*Kama Sutra*）]，他身后被埋葬在伦敦郊外，墓地上有一个用石头雕成的贝都因帐篷。在这里，这个典型的移动结构物成了永恒的化身，暗示着人类的皮囊像帐篷一样转瞬即逝，而居住者的灵魂则在永生中复活。

不过，把图阿雷格族描述成本质上与城市、纪念性建筑和城市记忆相对立的群体，则是东方学家的一种想象。实际上，图阿雷格族并非具有同质性的一群人，而是分散在各处的群体，这些群体往往是敌对氏族。马里总理曾是图阿雷格人，许多图阿雷格人也在廷巴克图的文化机构任职。即便如此，在20世纪，人们还是将游牧民族想象成新奇的、永恒的、不曾改变的他者，而游牧民族的帐篷也成了新的隐喻。芒福德写道：

游牧者以轻盈的方式出行，不必为纪念碑而牺牲当下的生活，除非他们仿效城市人的生活方式。因为种种不同的理由和观点，今天的文明须以游牧者为典范：不仅要轻装，还要简居；要做好随时移动的准备，不仅仅是物理空间上的移动，还要适应新的生活环境、新的工业进程、新的文化动态。我们的城市不能成为纪念碑，而应成为能够自我更新的有机体。[18]

包豪斯学校校长汉斯·迈耶曾用一张照片展示一种新的游牧生活方式，照片名为《住宅：合作室内设计1926》(*The dwelling: co-op interior 1926*)。画面展示的是一个模拟的室内场景，里面仅配备了现代移动生活的基本必需品：一张行军床、一台放在凳子上的留声机，以及一把挂在墙上的折叠椅。如果仔细审视，会发现白色的现代主义风格墙面像是垂下来的帐篷布。迈耶写道："若将人的需求标准化为居住、饮食与精神食粮（角落里的留声机），现代生产系统的半游牧化则可以让人行动自由、节省开支、简化生活、放松身心，这些优点对人来说至关重要。"[19] 无根（rootlessness）不仅花费少、有益于心理健康，还有助于根除导致第一次世界大战的民族主义及战争留下的痛苦记忆："我们的住所比以往更加移动自如。大型公寓大楼、房车、游艇房和越洋轮船削弱了'故乡'的地域概念。祖国即将消失。我们学习世界语，我们四海为家。"[20]

世界语的白日梦已灰飞烟灭，而把全球资本视为和平手段的概念，也在数十年来的全球化过程中付出代价——漂泊无根的生活不会消除战争，但战争往往会让人流离失所。全球化并没有给各国穷人的生计和心理带来多大好处，游牧者的帐篷也不是什么世外桃源。图阿雷格人能征善战，也在平坦的沙漠如鱼得水，无怪乎他们中的一些人会在南方城市发动袭击。尽管游牧者的帐篷常被讽刺为历史的真空地带———剂现代主义者急欲摆脱的历史梦魇解药——但它实则和泥或砖一样永久。图阿雷格的帐篷是女人为自己搭建的婚房（在图阿雷格语中，"帐篷"一词既代表婚姻，也代表阴道），帐篷会伴随她们一生：位置或许不固定，但也并非不永久。帐篷和廷巴克图、杰内的宏伟纪念性建筑一样，充满了个人、家庭与社会的记忆。

　　对于过着定居生活的西方人也一样，城市是个可以居住的大型玛德琳蛋糕①。在这里，某些街道和角落被脱缰的记忆打上了永恒的烙印。对我来说，牛津郡一个墓园墙外破损的路牌纪念着叛逆的青春，从水晶宫眺望四周的视野纪念着一场终结的爱情。建筑充满这类私人记忆，即便是代表着集体记忆的宏伟纪念碑，也显得不再那么伟岸而坚固。事实上，它们被人们的遗忘、错误记忆和对过往的不同诠释蚕食着，远远超出了建造者当初的设想。每一座纪念性建筑都像马里会消融的清真寺一样，被建造、被改造，而借由人们记忆的刻画，每一座纪念性建筑都可以成为一座"反纪念碑"。

---

① 玛德琳蛋糕（Madeleine），此处特指法国作家普鲁斯特在《追忆似水年华》中提及的一种法国传统点心，它唤起了大量过往记忆。

第四章

鲁切拉府邸，
佛罗伦萨
（1446—1451年）

建筑与商业

　　我不为找业主而搞建筑。我为搞建筑而找
业主。

　　　　——安·兰德（Ayn Rand），《源泉》（*The
Fountainhead）[1]

　　建筑的好坏取决于业主。

　　　　——诺曼·福斯特（Norman Foster）[2]

"生活中有两件重要的事情：生育和建筑。"15世纪的银行家乔瓦尼·鲁切拉（Giovanni Rucellai）如是说。他曾出资在家乡佛罗伦萨建造了一批优质的建筑。在一幅画中，乔瓦尼像《圣经》里的族长一样留着浓密的长胡子，背后是由假想的宫殿、教堂和坟墓组成的建筑群。这算一幅"全家福"：骄傲的父亲乔瓦尼被他的建筑宝宝们包围着。其中一处建筑是鲁切拉府邸（Palazzo Rucellai），堪称住宅建筑的转折点。它摆脱了早期宫殿建筑阴郁沉闷的基调，转而采用轻盈优雅的、崭新的新古典主义风格。这座豪华府邸是家族住宅，但因为此家族与佛罗伦萨的商业发展密不可分，所以这里也是企业总部：可以说，它就像上海的摩天大楼一样闪亮夺目。披着耐久的前卫大理石外衣的豪华府邸，散发着稳固感与现代感——这是一家成功企业必不可少的特征。难怪乔瓦尼认为建筑和性一样重要。

像乔瓦尼这样的有钱人，总喜欢用建筑来为自己和生意打广告，甚至视建筑为己任，比如唐纳德·特朗普（Donald Trump）就曾是一个高调浮夸的开发商。建筑和其他任何一种艺术形式一样，是赚钱的方式，而特朗普这样的开发商建造的那些犹如男性生殖器的大楼，则赤裸裸地暴露了建筑行业对金钱的强烈欲望。从建立佛罗伦萨的资本主义先驱到曼哈顿的大型开发商，从首创"企业形象"的德国公司到孤立无根、寄生于当代伦敦的企业，来自企业的建筑业主已经用他们自己的形象把城市重建了一番。但是商业与建筑、业主与设计师、私利与公益之间，向来就不和谐。它们不像乔瓦尼宫殿的石材那样井然有序，也不像洛克菲勒中心高耸的线条那样宁静。企业建筑业主往往无视街上的行人，除非那些人主动破坏企业的好事，比如当他们的行为阻碍经济发展或摧毁社区，甚至夺走性命时。人们无数次试图驯服地产业，但对于企业巨头业主来说，这就好像蚍蜉撼树，无关痛痒。我们将看到，除了对于自身成功与否的恐惧外，企业建筑业主无所畏惧。

◇

　　乔瓦尼·鲁切拉生于1403年，来自佛罗伦萨的一个布商世家，但年幼丧父，只继承了微薄的遗产。就像故事中伟大的资本家一样，乔瓦尼从小就自强自立，在望子成龙的母亲的激励下，乔瓦尼克服了早期的挫折，成为一名成功的银行家。此间，他积累了大量财富，一度成为佛罗伦萨第三大富豪，还迎娶了佛罗伦萨望族帕拉·斯特罗齐（Palla Strozzi）的女儿。

乔瓦尼跃升在共和国呼风唤雨的寡头阶级、掌握影响力与机遇，似乎已是板上钉钉的事。但是，希望破灭了。当时，帕拉与佛罗伦萨的其他几个重要家族联手将科西莫·德·美第奇（Cosimo de' Medici）赶出了这座城市，他们认为科西莫的不自量力威胁到了权力平衡。对于这些共谋者来说，可惜的是，科西莫很快就杀了回来，并在1434年重返故地后，使美第奇家族成为佛罗伦萨共和国最煊赫的势力。

这标志着寡头兼并、相对民主的行会走向衰微时代的开始。让乔瓦尼更为担忧的是，这意味着他的岳父兼保护人帕拉要被终生流放。尽管受到了命运的捉弄，但乔瓦尼对帕拉不离不弃，哪怕要为这份忠诚付出沉重的代价。美第奇家族对敌人的朋党向来持怀疑态度，美第奇势力崛起后，乔瓦尼被排除在公职之外几十年。他曾在日记中抱怨："我和当局的关系不好，被质疑了27年。"然而，这并没有击退乔瓦尼的事业心，最后他还成功安排了自己的儿子贝尔纳多（Bernardo）和南希娜·德·美第奇（Nannina de' Medici）联姻。南希娜曾在信里透露，这段婚姻没有爱情，也不幸福，但是达到了预期的效果：美第奇家族不再计较乔瓦尼与他们的宿敌的关联。乔瓦尼现在可以在政府部门工作了，这让这位骄傲的老人很神气，但是他对这份工作并不怎么上心。

乔瓦尼反倒把精力投在了建筑上。乔瓦尼是资产阶级，而不是艺术家，从他的笔记本里可以看出，他没有为思索创意点子而绞尽脑汁过。然而，他却把建筑事业变成了一门艺术。建筑是项昂贵的爱好，他由此打造出了他的豪华府邸及府邸对面的家族凉廊、新圣母玛利亚教堂（Santa Maria Novella）夺目的双色大理石正立面，还有一个内部设有精致坟墓的家庭礼拜堂，造型有如耶路撒冷的圣墓教堂（Holy Sepulchre）。在展示业主身份方面，这些建筑毫不低调，就连教堂这种通常会表现出虔诚与克制的场所，也充斥着乔瓦尼的印记。鲁切拉家族的徽章像皮疹一样布满教堂的立面（同时也刻着美第奇的钻戒纹章，用来炫耀两个家族的联姻关系），顶部还以巨大的罗马大写字母刻着"GIOVANNI RUCELLAI 1470"（乔瓦尼·鲁切拉1470）。这是唯一一座好似用广告牌展示捐献者名字的意大利教堂，上帝的荣耀反倒因缺席而引人注目。

乘火车从北方来到佛罗伦萨的访客，首先看到的宏伟建筑就是新圣母玛利亚教堂（今天这座教堂位于火车站对面，依然是最先映入游客眼帘的宏伟建筑），乔瓦尼借此为自己的企业大打广告。但是，为什么修士们会允许他进行这种无耻的自我宣传呢？这可能是因为他们想不惜任何代价建成这座教堂。大理石立面不便宜，而新圣母玛利亚教堂是佛罗伦萨唯一一座在文艺复兴时期完成正立面工程的教堂，相比之下，佛罗伦萨大教堂的立面直到19世纪才完工，上面布满像结婚蛋糕一样的花哨图案，就连美第奇家族也没能修完他们的圣洛伦佐教堂（San Lorenzo）的正立面。那么，乔瓦尼是如何做到的呢？

乔瓦尼的岳父帕拉·斯特罗齐流亡后，把一些价值不菲的房地产以极低的价格卖给了乔瓦尼，以避开在美第奇的压力下将对他们征收的惩罚性税收。帕拉把房地产留在家族中，希望借此能对如何处置它们保有一定的发言权，而这种慷慨之举的条件是，要把从这些房地产中得来的一部分收入投入教会工作中。乔瓦尼照做了：他用这笔钱修建了新圣母玛利亚教堂的立面。同时，乔瓦尼把他的几处新地产名义上让渡给了银行家公会（他是该公会成员），以避免为这些地产缴税（市政府发现了一些逃税行为，但还有漏网之鱼）。于是，新圣母玛利亚教堂宏伟的立面，佛罗伦萨最抢眼、最自恋的纪念碑之一，就靠着逃税所得、在帕拉·斯特罗齐流亡期间建了起来。帕拉·斯特罗齐的名字并未出现在建筑上，而乔瓦尼的品位、慷慨与虚荣，则在大理石上得到了永生。

乔瓦尼并不是唯一乐于自我宣传的人。15世纪的佛罗伦萨到处都是银行世家和商人的徽章和铭文，其密集程度好比拉斯维加斯大道上的霓虹灯。乔瓦尼的徽章是一个乘风而起的命运之帆，在这里，古老的观念被赋予了新的内涵：不再是一个蒙着双眼的、无情地以纺车主宰人类命运的女子，现在命运成了可被驾驭并从中获取利润的力量，就像把佛罗伦萨的商品送往世界各地的信风一样。乔瓦尼的建筑到处都刻着命运的风帆，而这个标识刻在新圣母玛利亚教堂上似乎尤为合适。冠名大型建筑可以确保后代得到荫庇，同时也可以展示经济实力和社会地位。后一点很重要，因为在中世纪之后的佛罗伦萨经济领域，信任就是一切：没有信任，信誉便会破产，顾客也会蒸发。宣传信誉、财富和成功的最佳方式之一，就是建造一幢令人望而生畏的总部大楼——有形的坚固性向来是雄厚财力的隐喻。与一座稍早的建筑相比，乔瓦尼的总部鲁切拉府邸以一种更为新颖成熟的方式展示了他的力量。

美第奇府邸（Palazzo Medic）始建于1445年左右，它的营建必须在多变的伪装与暗中拉拢之间小心翼翼地走钢丝，一边尊重当地传统，一边隐隐约约地做调整，以展现主人的实力，与此同时，还要留心避免使用可能冒犯其他寡头的高调设计——毕竟，这个家族被流放了20年，刚刚回来，所以很注重维护人际关系。据说正是出于这方面的考虑，科西莫·德·美第奇拒绝了佛罗伦萨大教堂圆顶设计者布鲁内列斯基的更宏伟的方案。然而，美第奇家族府邸的双拱窗与旧宫（Palazzo

Vecchio，佛罗伦萨市政厅）的双叶窗（bifore）仍然极其相似。此前还没有哪座建筑有胆量去和象征着权威的建筑一争高下，而美第奇府邸却使用了大量带有球形[1]装饰的盾形家徽。其地面层呼应着双拱窗，并以拱圈较大的开间分隔开来，本想在此安置商铺以收取租金。但是，自从开始对商业空间征税后，底商就不再流行，美第奇府邸地面层的空间也被填满了。

这座建筑的演变，似乎印证了马克思"经济决定文化"的观点。但是恩格斯却持否定态度，认为这是将其好友的论述过度简化后导致的误读。我们将陆续看到，许多案例颠覆了这种单向性，展示了文化决定经济的一面。建筑是这对关系中最复杂的节点之一，因为它既是艺术又是商业，既是推动经济增长的重要力量，又是对经济增长清晰的表达。这些假拱[2]清楚地告诉我们：经济可以像任何建筑师一样形塑一座城市。但重要的是，在这个例子中，并不是市场这只看不见的手，而是政府通过税收干预，影响了城市的面貌。美第奇府邸中另一处展现政府权力对建筑的影响的例子是：地面层是粗面砌筑的，也就是说，是费力又费钱地请人把石材雕刻成粗糙的样子。虽然

---

① 原文"ball"既有"球"之意，在俚语中又有"胆量"之意。——译者注
② 假拱（blind arch），指不穿入结构、只用作装饰的封闭拱。此处特指美第奇府邸地面层空间被填满后留下的拱圈。

把石材雕刻成看似未完成的样子似乎有悖常理，但是这种处理手法在佛罗伦萨建筑中并不少见，也是古典传统中无数后期建筑的特色。在许多人来看来，这种手法能使建筑物底部显得厚重，使整座建筑看起来更平衡、不易倒塌。不过，这种解读很大程度上是后浪漫主义时期人们把艺术化约为美学手法的产物。实际上，粗面砌筑之举是为了回应当地的建筑法规。法规规定，建筑物的临街面须尽可能地华美，以打造高品质的公共空间。就像假拱一样，粗面砌筑是回应其他势力的美学手法，这也说明了我的乌托邦主旨：虽然企业建筑业主会让规则打折扣，甚至打破规则，但或许仍有办法转移他们的力量。

　　那么，乔瓦尼的鲁切拉府邸有何创新之处？它有与美第奇府邸大致同期建造的、由美第奇府邸开先河的双拱窗，或许是想仿效美第奇府邸，从佛罗伦萨市政厅窃取权力的象征。然而，鲁切拉府邸的立面没有使用粗面砌筑的手法，它以格状的扁平柱子（壁柱）作为分隔，仿佛把罗马斗兽场拉平并倒了过来，变成了一处住宅。这在当时是种新颖的做法：除了罗马遗迹外，在意大利，只有教堂和公共建筑才使用柱子，而鲁切拉府邸是首个穿上盛装的住宅（今天前门设有双柱的联排屋，便可追溯至此）。那么，这种背离传统的设计灵感来自哪里呢？这显然不是乔瓦尼的想法，他的笔记只是由既有观念堆砌出来的合成品。不过，他找来了一位建筑师，为他的豪华府邸打造出了既新颖又华贵的理想外观。这位建筑师以博学多才与创意著称，极有可能是莱昂·巴蒂斯塔·阿尔伯蒂（Leon Battista Alberti），只是缺乏书面记载加以证实。

阿尔伯蒂兼具艺术家、理论家、古文物学家、运动员、音乐家、马术师等身份，撰写过古典时期以来首部论雕塑、绘画与建筑的专著，还是制定最早的意大利文文法的人，是个名副其实的文艺复兴人。在一部匿名自传中，阿尔伯蒂声称自己能跳过一个站着的人，也能把一枚硬币扔向大教堂的圆顶，让它触碰石材、发出响声。他自称"他征服自己的方式，是练习盯着并处理他厌恶的东西，直到厌恶感消失；他因此成了一个有志者事竟成的范例"[3]（这番苦修的对象偏偏是大蒜）。阿尔伯蒂像雅典人一样博学，像斯巴达人一样自律，且灵活多变，适应能力强，是打造新时代建筑的完美人选。更何况他还擅长我宣传，从教廷到佛罗伦萨的银行家，阿尔伯蒂的著作在意大利统治阶级中间广泛传播。他的文字圆滑怪异，观点难以确定。这种低调的做法并非意在放低作者姿态：阿尔伯蒂规避立场鲜明的主张，是为了吸引所有潜在的客户。这对于他的成功至关重要，因为尽管文艺复兴时期建筑界人才辈出，但这些明星建筑师仍要听命于他们的金主；乔瓦尼从未在任何文字中提到建

筑师的名字。与阿尔伯蒂同时代的建筑师皮埃特罗·阿韦利诺
（Pietro Averlino）曾慷慨激昂地为自己的行业请命：

　　建筑是这样孕育的。打个比方，没有女人，男人不能孕育
后代，类似地，建筑也无法由一个人独自完成。孕育不能没有
女人，相应地，想要建造建筑物的人，也需要找一个建筑师，
并和建筑师一起构思，然后由建筑师执行。建筑师生产后，就
成了这座建筑的母亲……建筑不过是一种感官乐趣，就像恋爱
中的男人所享受的一样。[4]

　　阿尔伯蒂也非常关心自己的专业地位，他的文章让建筑师
的形象在意大利公众面前焕然一新。我们可以理解乔瓦尼选择
他的原因：他在创新方面的天赋，使他成为打造企业形象的理
想人选。阿尔伯蒂和家人闹翻后，改名为利昂 [Leon 或 Lion，
含义均为"狮子"，他去世后，一个朋友调侃说他改名叫"变色
龙"（Chameleon）更合适]。除了匿名作自传，他还为自己设
计标识：一只长着翅膀的眼睛，周围伸出呈抓握姿势的触须，
并附有一句座右铭："Quid tum ？"（接下来呢？）这句话简
洁明了地表达了他永无止境的好奇心，而找他做创新设计的业
主，则对新事物抱着同样的热爱之情。

阿尔伯蒂在他的著作、文艺复兴时期首部完整的建筑理论专著《论建筑》（*On the Art of Building*）中写道，建筑师必须遵守礼仪规范：教堂（或以他的古典化术语，称为"神庙"）应是城市中最宏伟的建筑，其他建筑各有其适当的华丽度，但都应从属于教堂。关于墙壁的设计，他主张"没有什么比再现石造柱廊更赏心悦目、更具吸引力的了"，同时，他的建筑作品也展示了如何基于建筑的功能与威望，巧妙地使用柱子做装饰。[5]比如，新圣母玛利亚教堂的立面运用柱子，创造了一个古典凯旋门的形象，并在顶部设有一座神庙，这一方案使得基督教教堂如何设计出古典外观的难题迎刃而解。如果是给业主设计住宅，那么神庙的立面和凯旋门的圆拱就会显得太过华丽而不得体，所以阿尔伯蒂转而参考了更接地气的先例，比如罗马斗兽场。他借鉴这座巨大露天剧院多层的拱和柱，为乔瓦尼的府邸设计了一层高贵的外皮，不过也仅仅是一层皮：外皮包裹着的是零碎房舍的集结，内里与外表完全无关。

这就是面子工程（难怪乔瓦尼选择品牌改造大师阿尔伯蒂当设计者），体现出的是坚固、昂贵和永恒的形象。之所以永恒，是因为它借用了古典建筑的基本元素——柱。但是，正如重要的建筑史学家塔夫里在谈到复制另一种古典传统时所说的："在日常生活中，采用最正统的古典柱式，会牺牲柱式的象征意义。脱离柱式的象征意义，也意味着脱离城市。"[6]在阿尔伯蒂手中，柱子象征着世俗的财力，而非宗教的力量。这是绝对的祛魅之举，或说是将象征意义转移到了不同类型的神秘之物上，即债券和金融衍生品，而不再是香火和念珠。柱子拱卫的不再是宗教机构，而是新生的、自信的银行阶级，他们采用象征永恒的柱子时毫不脸红。我们也可以像塔夫里一样，把这当作脱离城市的比喻。当寡头们蚕食15世纪佛罗伦萨的公共空间时，采用的是神圣和国家权力的古老象征。柱子不再是共和国的财产，而是个人财产。

面对城市的种种束缚，鲁切拉府邸还采用了其他几种策略。首先，建筑师通过巧妙利用受限的地理位置，使建筑物看起来更庞大。这座建筑所在的街道过于狭窄，在这里很难将建筑物尽收眼底，而从与建筑物呈角度的普尔加托里奥路（via del Purgatorio）看，则视野更窄，只能看到建筑物的边边角角。阿尔伯蒂当然考虑到了这一点，所以立面只从建筑物所在的帕切蒂路（via dei Palchetti）转角向两边延伸，且只延伸到足以让人感觉已完成为止。从西边过来的人如果不仔细看，就会觉得这栋建筑是一个规则的立方体，每一面都是正立面。另一方面，如果从普尔加托里奥路过来，看到的立面虽然狭窄，但也填满了视野，其图样的规则性会让人感觉它可能向两边无限延伸。

　　为了加强对这条街的控制，乔瓦尼说服住在马路对面的一个亲戚（这一带到处都是鲁切拉家族的人）把店铺卖给了他，之后拆除了店铺，建了一个三角形的小广场，为府邸营造了更好的视野，并让府邸得以环绕着一个明显的核心。为了强化所有权，乔瓦尼还在小广场的另一侧建造了一个家族凉廊——一个带顶的柱廊。大家都说这是过时之举：家族凉廊在14世纪非常流行，主要用于婚礼等特殊场合。但凉廊在日常生活中也有很多用途，正如阿尔伯蒂建议的："优雅的柱廊可供老年人小坐或散步，小憩或谈事，无疑是十字路口和广场的最佳装饰品。而且，如果有长辈在，年轻人在户外玩耍或运动时就会相对克制，一些因不成熟而做出的不当或滑稽行为亦会得到控制。"[7]

　　对阿尔伯蒂来说，凉廊是公共生活空间，是谈生意、休闲之地，同时也具有社会控制的作用。他可能想仿效佛罗伦萨旧宫广场旁的独立敞廊佣兵凉廊（Loggia dei Lanzi），那里设有许多雕像，其中包括出自切利尼①之手的珀耳修斯②，并实现了阿尔伯蒂提到的凉廊的所有用途，而在国家重要场合，也可以为政府官员遮风挡雨。私人业主修建的凉廊则有着不同的功用，

---

① 切利尼（Benvenuto Cellini，1500—1571），意大利雕塑家。
② 珀耳修斯（Perseus），古希腊神话中杀死美杜莎的英雄，宙斯和阿戈斯国公主达那厄的儿子。

它们常常是一种过渡性空间，既不是完全公开的，也不是完全私密的，业主通过挪用代表国家力量的建筑形式，一方面左右公共生活，一方面展现个人权势（鲁切拉府邸的凉廊就像府邸本身一样布满家徽）。这些凉廊是家族庆典的场所，鲁切拉凉廊可能就是为乔瓦尼之子的盛大婚礼庆典修建的，当时整条街都戒严了，并盖上了丝绸，成为供宾客享用盛宴和跳舞的场所。

但是，乔瓦尼在15世纪中期建造凉廊时，凉廊已经过时了，许多凉廊已被拆除或封闭。科西莫·德·美第奇曾在他的豪宅一角设有凉廊，但和地面层的商铺一样，这个凉廊最终也被填满了砖块。同样，鲁切拉的凉廊亦未能幸免。原因之一可能是寡头的崛起逐渐扼杀了公共生活。1434年科西莫回归后，行会势力渐衰，后来共和国变成了半君主制国家，起初由美第奇家族暗中统治，而后统治变得明目张胆，他们在16世纪还被加冕为托斯卡纳大公。佣兵凉廊的顶部被改造为高起的观景台，这样大公们观看广场上的庆典时，便无须混杂在民众中间。与此同时，家族凉廊不复存在，被收进了新建宅邸内部，化身为有拱廊的庭院：绝对的私人化公共空间。最先建造出这种庭院的是美第奇家族，地位较高的访客可以在这里等候与家族首领交头接耳，不必担心被大街上民主派的乌合之众嚼舌根。庭院中央立着出自多纳泰罗之手的阴柔的大卫（David）雕

像——除去暴君的佛罗伦萨共和国英雄，现在被囚禁在暴君的
房子里。

　　鲁切拉府邸与街道的交界，是另一个私人建筑入侵公共空
间的例子：这里有一道长石凳，同时它也是建筑物的基座。这
看似是一处利他的公共设施，至今仍可供路人坐着休息，但它
实际上强调的是鲁切拉家族的所有权，就像这座府邸的其他部
分一样，被用来向世界展示他们的形象。长凳是当时府邸的一
个常见特色，美第奇府邸也有，是供请愿者等待的地方。文艺
复兴时期的意大利是侍从主义（Clientelism）的国家，访客就
是地位的象征，显示着在多变的寡头政治中谁在得势、谁在失
势。编年史学家马可·帕伦迪（Marco Parenti）在描述美第奇
与皮蒂（Pitti）家族风水轮转时，提到了访客的重要性。帕伦
迪说，洛伦佐·德·美第奇（Lorenzo de' Medici）去世后，"很
少有人去他家，去的大都是些无足轻重的人"，而卢卡·皮蒂
（Luca Pitti）则"在家中开了个议事庭，大批民众前去议政"。[8]
过了一段时间，美第奇家族再度崛起，皮蒂则"孤独地守在冷
清的宅子里，没有人去找他谈论政治事务——昔日各路人士络
绎不绝的府邸今天门可罗雀"。[9] 显然，有人造访是显示社会地
位的必备条件，而坐在长凳上的屁股的数量和质量，则向全世
界展示着一个人的地位和实力。就像凉廊和广场一样，长凳也

是在街上立界标表明所有权的方式。

◇

今天的企业或许摆脱了带有柱子的外壳，转向了线条流畅的现代性，但是其空间策略仍受惠于鲁切拉府邸之类的建筑。从城中城的先锋小约翰·D.洛克菲勒（John D. Rockefeller Junior）到更大规模的东京城市改造项目主导者森稔（Minoru Mori），商业和开发商对现代都市的形塑，显然像冰川的侵蚀作用一样势不可挡。但冰川是会融化的，促成钢构大楼耸入城市天际线的财富板块也会转移，使呼风唤雨的建筑业主风光不再。在谈论危机前，让我们先回到工业时代发展初期——那个游荡着四不像、满是迷雾的年代。

德累斯顿[①]郊区出现了一幅怪异的幻景：一座巨大的圆顶清真寺，连宣礼塔也不落。这不是"天方夜谭"，相比之下，真相显得更加离奇。这座清真寺曾是一家卷烟厂，尖塔实际上是烟囱。它像20世纪初的许多企业建筑一样，借用了华丽的古典建筑语汇来展示权势与威望。而在这个案例中，古典元素被当作广告，用来宣传和建筑物一样"东方"的产品。当时的人一度称它为"烟草清真寺"，这个措辞和建筑物本身一样，是那个

---

① 德累斯顿（Dresden），德国萨克森州首府。

无知时代的产物。在周围的巴洛克环境中，这座清真寺显得极其格格不入。1909年竣工时，它还引起了轩然大波，虽然成功达到了品牌差异化的效果，却也令人为之打战。

当时的企业建筑业主更青睐意大利文艺复兴时期的建筑——文艺复兴时期曾以重商精神闻名，其所倡导的价值观似乎比东方奇想更适合现代企业。豪华府邸建筑是高效的"机器，可以让土地付钱"——这是卡斯·吉尔伯特（Cass Gilbert）对摩天大楼的定义，他在1912年设计了纽约的伍尔沃斯大厦（Woolworth Building）。这种立方体形式的建筑可以让楼面空间和租金达到最大化，这便迎合了企业业主所考虑的重要因素，因为他们不仅是建筑的拥有者和使用者，更是投机开发商（美第奇当初把府邸的地面层用作商铺空间，企业建筑业主也想把庞大的总部大楼的大部分空间租出去）。但是，美国商业巨头盖高楼不单是出于经济方面的考虑，因为这些高楼大厦和过去的豪华府邸一样，吸金能力并不强。更准确地说，摩天大楼是让土地说话的机器，它们有着无形的光环，散发出的魅力象征着企业的身份。

建在纽约麦迪逊广场上的大都会人寿保险公司（Metropolitan Life Insurance Company）大楼，就是一座企业豪邸。这座大楼于1890年破土动工，很像打了类固醇的佛罗伦萨豪邸，粗面砌筑手法、壁柱、高悬的檐口应有尽有。扩建工程持续到1909年，那时，竟在一旁加盖出一座类似威尼斯圣马可钟楼的50层高塔，有种时空错乱的感觉。像多数企业高楼一样，大都会人寿的钟楼高塔不大能赚钱，根据建筑回报率递减的铁律，建得越高，电梯等不可或缺的服务设施所占据的空间就越多，相应地，可出租空间所占的比例就越低。高楼的建造需要复杂的结构支撑系统，花费高昂。但正如大都会人寿副总裁坦言的，这座大楼就是"一种免费广告，公司没花一分钱，因为租户埋了单"[10]。同时，公司不放过任何一个使用这个大楼形象的机会，办公室里的所有纸张、报纸广告和别针上，几乎都能看到大楼的身影。

由此可见，建筑在打造企业识别度方面发挥着举足轻重的作用，甚至建筑物本身就能代表一个企业。或许这与保险业虚无缥缈的特性有关。今天，保险行业的人仍竭力打造辨识度最高的建筑：伦敦劳埃德大厦（Lloyd's of London），理查德·罗杰斯（Richard Rogers）的得意之作，宛如内脏被掏空的机器，顽皮地向人们展示着建筑内部的结构，就好像通透度是它的招牌；瑞士再保险公司（Swiss Re）委托诺曼·福斯特设计的勾魂的"小黄瓜"也是一个案例。后者看上去或许抽象又任性，但瑞士再保险公司对这座建筑持有不同的看法。

从远处看，它像一座雄伟的纪念碑；从近处看，它似乎又相当脆弱。它绝不是一个令人生畏的地标，反倒像珍贵的花瓶一般不堪一击。绕着建筑物走一圈，人们会敏锐地觉察到自己的物理性及身体的质量与这座大楼的联系。这座建筑仿佛具有拟人的特性，象征着人类在大自然力量面前的暴露，以及驯服、联结这些力量的能力……保险从业者设法调解生死两极，虽然他们可能和任何人一样无力阻挡死亡，却开发出了用来降低和吸收死亡造成的经济冲击的复杂手段。这种内在的矛盾无法化解，但是建筑和艺术可以将矛盾关系中的各方在空间上联系起来。[11]

这段矫揉造作的说辞充斥着金钱神秘主义色彩，透露出企业建筑即便抛弃了柱子和三角楣，仍然继续重申着教会前辈所传达的信息：战胜死亡——但这次依靠的是人寿保险，而不是《尼西亚信经》（*Nicene Creed*）。

在柏林近郊一个乌烟瘴气的工业区，有一处企业建筑做作地把宗教姿态表达到了极致。莫阿比特区（Moabit）虽然看似和雅典卫城（Acropolis）相去甚远，但那里有一家建成于1909年的工厂（与"烟草清真寺"、大都会人寿的钟楼高塔等资本主义神庙同年竣工）。这座建筑怎么看怎么像新版的帕特农神庙，柱子和三角楣一应俱全，其业主是德国通用电气公司（AEG）。但是柱子不再支撑屋顶，转而由梁柱的外露钢结构承接这个苦差事。建筑师在每根柱子的底部切出了小缝隙，为的是暗示这座建筑与过往暧昧的关联。而建筑物的正面，原本希腊神庙用来刻画众神的位置，出现的是公司的标识：一个被分割的六边形，让人联想到忙碌的蜜蜂和化学结构。这座建筑完美地表达了注重创新的资本主义理想，在德国建筑师和实业家中间颇受欢迎，他们中的许多人因德意志制造同盟（Deutscher Werkbund）而走到了一起，致力于推广现代设计。

同盟成员的职业背景不同，政治立场有别，但共同的目标是希望改造被工业时代切割得支离破碎的社会。通用电气公司的建筑师、德意志制造同盟初创时期的成员彼得·贝伦斯（Peter Behrens）认同借由设计促进社会融合的理念。除了公司的建筑外，贝伦斯还设计了通用电气的标识和许多产品。他被誉为第一位工业设计师，虽然这种说法不完全准确，但他确实为通用电气打造出了前所未有的统一形象，近乎实现了德意志制造同盟的口号"从沙发靠垫到城市规划"。换句话说，他是我们现在所谓"企业识别"概念的拓荒者。

对无产阶级革命的恐慌，启发贝伦斯形成了具有改革精神的方案，并带来了与当下无缝对接的消费主义奇观，这并不矛盾；或许亦不出人意料的是，建筑作品颇受希特勒和斯佩尔推崇的贝伦斯，后来成为纳粹党的初期成员——纳粹党也是个注重社群和企业识别度的群体。通用电气公司或许寄望于通过"神庙"促成社群的再度融合，但这座建筑实则与德累斯顿郊外的"烟草清真寺"一样，是个广告噱头，只不过成熟多了——它率先采用大面积的玻璃，探索当今企业建筑青睐的通透性。但是，尽管这个涡轮工厂把历史形式做了现代改造，崇拜机器而非神祇，它仍是一种固有的建筑类型。然而不久后，贝伦斯的学生，包括日后包豪斯学校的校长格罗皮乌斯和密斯·凡德罗，以及瑞士建筑师柯布西耶，都把目光投向了大西洋彼岸的谷粮仓等"风土"工业建筑，开始为新世界的企业开发新式设计，甩开了古典装束。

不过，曼哈顿的建筑早在德国建筑师入侵前就开始发生变化了。到了20世纪20年代，20世纪初的那种块状豪邸已卸下柱子，变得像秘鲁的阶梯金字塔一样不规则。安·兰德在她那如同注满安非他命的著作《源泉》中，对这类阶梯金字塔建筑大加赞赏：

这座建筑坐落在东部河岸，像在振臂欢呼一样。水晶般的岩石造型堆叠成层次分明的阶梯，让整座建筑看起来不是静止的，而是连续地流动着向上移动——直到人们意识到，这是视线在引导下以特定的节奏在移动。淡灰色的石灰石墙壁在天空的衬托下看起来是银色的，并搭配有干净、暗沉的金属光泽，但这金属已变成有温度的生命体，由最锋利的切割器具雕刻而成——人类的坚定意志。[12]

　　兰德在这些金钱的结晶前跪倒在地，像乡下老婆婆一样，狂热地相信雕像的背后有魔力。然而，塑造这些令人称奇的建筑形式、将她的视线引向天堂的，并非令人振奋的个人钢铁意志，而是不带有个人色彩的政府规范。阶梯金字塔形的上窄下宽模式和佛罗伦萨豪邸粗面砌筑之法一样，是规划法令的产物。这项立法很大程度上是为百老汇大街上的公正大楼（Equitable Building）这座巨型豪邸式建筑订立的。这座人造山相当可观，共有40层楼、120万平方英尺的可出租空间，导致周围所有建筑都相形见绌。一边倒的反对声音促使市政府出台分区法，从根本上改变了可建空间这个概念。

　　13世纪，意大利法官阿克尔修斯（Accursius）曾写道："拥有土地的人，上至天堂、下至地狱，皆属于他们。"这便是"空中权"①这个法律概念的起源。但现在，纽约市的法令规定，

---

① 空中权（Air Rights），指将土地的上部空间加以水平区分，以供建筑利用的权利。

建筑必须呈上窄下宽的金字塔形，以使阳光穿透城市的混凝土森林。为了给根据分区法建造的大楼创造最大的建筑面积，建筑商干脆把一个比一个狭窄的盒状空间堆叠起来。这类建筑中，有的比较优雅，比如克莱斯勒大厦（Chrysler Building）和帝国大厦（Empire State Building），二者均响应了1916年的法规，前者的装饰造型像车轮盖和水箱罩，暗示了克莱斯勒的财富来源。这些建筑建造于20世纪20年代经济蓬勃发展的时期，和许多其他上窄下宽的摩天大楼一样，都是在租赁市场低迷之时竣工的。1929年经济大萧条后，需求疲软，帝国大厦很快被戏称为"空国大厦"（Empty State Building），直到战后才全部租满，1950年才扭亏为盈。投机性建筑也对华尔街股灾负有一定的责任，当时的曼哈顿已沦为大而无当的建筑物的坟地，到处都是空荡荡的、纪念着市场繁荣蠢行的纪念碑。大萧条使世界经济遭到重创，不久便引发战争。分区法的确改变了城市的面貌，却没能遏制建筑沦为商业这最危险的一面，且还造成了"热门"地区的过度开发。可见，分区法是不够的。

　　大萧条期间，世界各地的建筑工地逐渐停工时，曼哈顿市中心有一个地方仍是一派活跃景象。洛克菲勒中心由全球数一数二的富豪出资建造，占地22英亩，横跨3个街区，它不单单是一座宏伟的建筑物，而是企业运用自身形象改造城市的首度尝试。早期的摩天大楼仅仅是一头扎入地面，占地面积越来越大，逐渐占满了整个街区，成了城市生活中不可逾越的屏障。现在开发者开始关注街道的问题，洛克菲勒中心知名的广场和屋顶花园这两个"公共"空间应运而生。当然，这并非真正意义上的利他之举。这项工程的首席建筑师雷蒙德·胡德（Raymond Hood）提倡在建筑中加入他所谓的"空中花园"等特色项目，因为每个特色项目都能够"激发公众的兴趣和崇敬之情，所以是对建筑的真正贡献，可以强化地产价值，像合法广告一样，为业主带来利润"[13]。

　　洛克菲勒中心和大都会人寿大楼一样，是把建筑当作广告，但它摒弃了以往摩天大楼招牌式的花哨屋顶和尖顶，转而采用平顶和鲜明的线性设计元素。洛克菲勒中心的"卖点"是它的伪公共设施，它的广场和大楼本身一样，并不属于公众。如同文艺复兴时期佛罗伦萨的长椅和凉廊，那其实是私有空间，使企业能够控制混乱的公共生活。借此，企业得以排斥经济上不活跃的人（穷人、失业人员和无家可归者，他们无法通过购物、工作或在高档餐厅消费回报这个空间的资本投入）、出台摄影规定（以预防恐怖袭击和恋童癖者为借口），并禁止集会或抗议活动（这会扰乱优质访客的经济活动）。该中心的艺术品揭穿了其公共性的谎言：普罗米修斯雕像呈俯冲姿势，仿佛一只扑向滑冰者的鹰，阿特拉斯青铜像则眉头紧锁，二者在风格上都与纳粹德国同期建造的笨重的新古典主义建筑并无二致。[奇怪的是，共产主义艺术家迭戈·里维拉（Diego Rivera）也接受委托，为洛克菲勒中心绘制作品，但当他在壁画里画上列宁肖像后，作品就被毁掉了。] 这些雕塑就像兰德笔下被描述得同样拙劣的人物一样，是精神错乱的个人主义滴水兽，在它们所护卫的空间里，没有公民权利，只有最大化的商业利益。

受洛克菲勒中心所取得的成功的启发，其他企业建筑业主也开始提供伪公共空间，借以为自己打广告。首先仿效这种做法的案例之一是1958年建成的西格拉姆大厦（Seagram Building），设计者是包豪斯学校的前校长密斯·凡德罗。凡德罗曾尝试从纳粹那里拿项目，但未能如愿。德国现代主义者移居美国后，改变了美国企业建筑的面貌，凡德罗就是那一代人中的佼佼者。他设计的位于纽约的西格拉姆大厦，比洛克菲勒中心更注重恪守无特色的风格。这座由烟色玻璃构成的庞然大物虽然抽象，且毫无历史指涉，却依然让人回想起古典时期的著名建筑。

西格拉姆大厦从底部延伸到顶部的工字梁强化了垂直向度的视觉效果，但没有任何结构性功能。将建筑架构的基本单元转化为纯粹的装饰的手法，则让人想起罗马斗兽场和鲁切拉府邸的扁平柱子：昔日以青铜铸就的壁柱，成了20世纪的梁。凡德罗在柏林时曾师从贝伦斯，他用批量生产的建筑材料作为地位的象征，乃沿袭了"烟草清真寺"和"帕特农神庙工厂"的传统：这三处建筑都想为工业时代重新披上神秘的面纱。与贝伦斯的德国通用电气工厂不同的是，西格拉姆大厦并无意于营造一种为改革派资本主义者津津乐道的公共性。西格拉姆公司（Seagram & Co.）建楼的动机并非出于社会关怀。这家公司是在禁酒令时期成立的威士忌蒸馏厂，长期以来与腐败和聚众暴力脱不开干系，1950年到1951年基福弗委员会（Kefauver Committee）展开的组织犯罪调查亦发现该公司不清白。因此，这座建筑是一种极其昂贵的粉饰手段，意在传达繁荣富足的企业形象。

　　大厦的地面层便印证了这一点。西格拉姆广场和大厦一样简朴，没有设置座椅，为的是避免干扰严整的对称性。地处曼哈顿市中心的黄金地段，西格拉姆公司将大厦地面层做留白处理，以展示其雄厚的财力。但是这个空旷的空间却成了一个受欢迎的地方，总是坐满了在这里吃饭和社交的人。这一无心插柳的成果促使纽约市于1961年修订了分区法，规定如果业主在街道层提供开放空间，则可以把楼盖得更高。然而，研究员威廉·怀特发现，由此产生的广场往往冷清空荡，似是在故意排斥街道生活。作为研究的一部分，怀特还制作了影片《小城市空间的社会生活》（*The Social Life of Small Urban Spaces*），在拍摄过程中，他对西格拉姆广场上的行为展开了人类学调查研究。

他的镜头捕捉到了情侣幽会、男人注视着女人、孩子在喷水池戏水的画面。要问这个广场为何如此成功，他表示这要归功于几个因素，其中包括"可坐空间"，如大理石台、墙边和台阶。这并非设计之初有意的安排，若凡德罗看到人们如此地利用他的造景，想必会很惊讶。

相比之下，佛罗伦萨的豪邸则殷勤地在立面前设置了长椅。但是，在我们慨叹现在的人不如前人无私、懂得体恤民生前，别忘了佛罗伦萨的长椅实际上是展现宅主受欢迎程度的广告，同样是在利用公共空间谋利。凉廊亦如出一辙，即企图通过挪用公共建筑，展现业主的权力。纽约的企业建筑广场也在玩类似的把戏，对于所谓公共性，他们光说不练，耍着各种花招把公众拒之门外。怀特谴责后来的广场缺乏可坐空间，那些企业提供的长椅"多是艺术品，为的是让建筑更上相，压根儿不适合坐"。更糟糕的是狭窄的过道、带尖的石台，以及美国人戏称的"防屁股"座椅。这些"刑具"已普及到世界各地，以防止"闲杂人等"、无家可归者和失业者逗留，换句话说，就是赶走那些不使用这座城市为他人赚钱的人。如果这些不舒适的设施还不够的话，还有热心的安保人员负责把这些不受欢迎的人驱赶出企业的伊甸园。但正如怀特指出的，这些空间本是"由公众通过分区法和规划机制提供的，公众使用城市广场的权利一清二楚"[14]。

西格拉姆大厦并没有像洛克菲勒中心那样，全面改造城市的网格状肌理。但它从洛克菲勒中心那里学到了最新颖的成功要素：广场。有了这个空间，建筑物就仿佛对更广大的城市做了贡献，于是广场成了带有公共性的遮羞布，遮盖着肮脏的企业权力。然而，在西格拉姆公司以建筑作为公关手段的项目中，最特殊的部分仅仅停留在纸面上，那就是设在建筑地下的核弹防空洞——一个深入建筑内部、壁垒森严的广场，亦是新保守主义者理想的"公共"空间。当初是冷战时期的极端恐慌催生了这一公关手段的构思，因此它深受当局欢迎，但最终西格拉姆公司决定不建造这个企业防空洞。

然而，随着冷战逐渐演变为反恐战争，恐慌心理在企业建筑中体现得越来越明显，迪拜的哈利法塔和伦敦的夏德大厦（Shard）等建筑，均尝试把广场盖在大楼里，仿效文艺复兴时期佛罗伦萨盛行的把半公共凉廊纳入私人庭院的做法。这些巨型摩天大楼自诩能自给自足，脱离城市而独立存在。夏德大厦的开发商称此项目为"虚拟城镇"，里面有办公室、商店、一家酒店、十套售价在3000万至5000万英镑之间的公寓、米其林星级餐厅和水疗中心，且直通伦敦桥车站，通勤者在往返途中不必与外界的城市打交道。

这种反城市的城市主义在漫威漫画公司（Marvel Comics）塑造的超级英雄钢铁侠（Iron Man）这一形象中，得到了极致的表达，这也是冷战时期的产物。钢铁侠是身家亿万的军火商托尼·史塔克（Tony Stark）的化身，他设计出高科技的钢铁战袍，来抵抗国际共产主义，推广美国价值观。史塔克/钢铁侠是个人机结合的法西斯主义者，他在纽约建造了一座巨大的企业总部，在2012年上映的电影《复仇者联盟》（*The Avengers*）中，它附着在大都会人寿大厦的顶端，就像一朵寄生的兰花。史塔克大楼既是花花公子的淫乐场所、高科技发射台，也是保命掩体，设有一体化反应堆，能够摆脱对于城市电网的依赖。这是兰德的个人主义建筑的未来主义版本，既在城市里，又全然独立于城市。这看似是一种带有自闭倾向的幻想，然而在现实生活中，东京的一个超级开发商在2003年建成了一座与之非常相似的建筑。

森稔的同名建筑森大厦（Mori Building），在"六本木之丘"大型开发项目中居于核心地位。大厦占地27英亩，内设办公室、公寓、餐厅、商店、咖啡馆、电影院、美术馆、酒店和电视演播室，自给自足程度堪称史上之最。和史塔克的总部一样，森大厦搏动的心脏是位于地下室的发电机，这让它在理论上无须仰仗城市，也能够经受住自然灾害或社会动荡的考验。森大厦的宗旨中满是危机意识，一上来就傲慢地宣称："在创造城市方面，森大厦始终致力于……成为人们的庇护所，让人们无须在灾难降临时落荒而逃。"[15]和许多反城市的开发项目一样，"六本木之丘"也声称它能够改善周围邻里的生存环境，甚至改善这座城市的面貌。

森大厦的主张，是城市更新者和地标建造者的最爱，和豪邸一样古老，而豪邸建造者亦坚称他们在建筑上的奢华之举对城市有益。这也是一个谎言，正如伦敦码头区（London's Docklands）更新开发项目所证实的那样，所谓改造，成就的仅仅是一个置身于贫困死海中的国际金融荒岛，在这里，财富的涓滴效应没能应验，贫民窟接连形成。森大厦彻底撕下了开发商的"利他主义"面具。它不是大都市里的桃花源，而是韦科①的翻版，它的反社会效应已酿成悲剧。尽管森大厦表面上声称要利用高科技硬件来打造一个"更安全、更可靠的城市"，但在2004年，一名六岁男孩却被大厦的旋转门夹住了头、离开

---

① 韦科（Waco），美国得克萨斯州中部城市，邪教组织大卫教派曾于1993年在这里掀起大屠杀。

了人世。这不是个意外：一项司法调查显示，包括几名儿童在内的另外32人，都曾被"六本木之丘"的旋转门弄伤过。尽管发生了这些事故，但开发商还是坚持不在特定高度以下安装感应器，甚至连安全防护栏都不装，因为他们想维持住大厦在美学上的整体性，进而巩固它的市场竞争力。

在过去的100年里，企业建筑变得愈发贪婪，像洛克菲勒中心和"六本木之丘"这样的超级开发项目，吞噬了城市的大片土地。鲁切拉府邸最先咬下了第一口：除了用凉廊和广场吞下部分街道外，府邸立面锯齿状的边缘还咬进了隔壁的建筑。这种"食人"住宅的幽灵潜伏在文艺复兴的阴影中，而在人们的想象中，文艺复兴是一个理性重生、指涉古典的时代。这种嗜血欲望是结构性的，并非由理性的沉睡所导致：当豪邸以精致有序的立面持续威胁着它四周的环境时，那些位于最前端的雕刻出来的清晰线条，就成了腐烂的毒牙。

乔瓦尼的开发策略同样具有掠夺性。他迫使邻居一个接一个地把房产卖给他，正如他在日记中写到的，已经慢慢地得到"八栋房子中的一栋"，并让临街的两栋房子成为他的豪邸的一段立面。此时他稍作停顿，等待新圣母大道（via della Vigna Nuova）上多年来拒绝把房子卖给他的邻居死去。后来乔瓦尼以高价买下这栋房子，进一步扩建了豪邸的立面。然而，不匀称的锯齿状立面暴露了乔瓦尼更大的野心。他那显然尚未完工的豪邸威胁着他的新邻居们：在吞掉你家前，我家是不会完工的。讽刺的是，这也成了对建造者的警告。邻居不屈服，贪婪的乔瓦尼只能守着不完美的建筑。做生意也好，盖房子也罢，乔瓦尼总是眼大肚小，晚年的他彻底破产，比萨的办公室里的暗中交易让他一贫如洗。他刻在府邸、凉廊和教堂上的风帆现在成了辛辣的讽刺，象征着命运的无情：命运不再把他的船吹向应许之地，反而掏空了他的钱包。

我们现在唯一能指望的，或许是企业建筑会吃掉它自己。政府可以形塑建筑，正如佛罗伦萨建筑的粗面砌筑手法和纽约建筑的下宽上窄模式所示，但这些干预措施大多只是流于其表，治标不治本，因为有权有势的业主可以轻而易举地钻规划法规的空子——就像纽约那些不宜久留的广场。温和的干预甚至会产生灾难性的反作用，比如，1916年的分区法便在纽约引发了房地产投机潮，导致20世纪20年代摩天大楼如雨后春笋般拔地而起，最终崩盘，就像那之前和那之后的房地产泡沫一样。正如马歇尔·伯曼[1]引用的马克思的话：

---

[1] 马歇尔·伯曼（Marshall Berman，1940—2013），美国哲学家、作家。

所有资产阶级纪念碑的可悲之处在于，它们的实质力量和坚固性根本没有任何价值，也没有任何分量，它们像脆弱的芦苇一样，被它们所颂扬的资本主义发展吹得东倒西歪。即使是最美丽、最壮观的资产阶级建筑和公共建筑，也是用后即弃，为了快速贬值而募集资本，为了淘汰而规划，其社会功能更接近帐篷和营地，而不是"埃及金字塔、罗马大渡槽和哥特式大教堂"。[16]

事实上，不断恶化的经济枯荣循环可以用巨大建筑物的图表来表示甚至预测。经济学家安德鲁·劳伦斯（Andrew Lawrence）的摩天大楼指数（Skyscraper Index）指出，经济繁荣往往导致资本投资过剩，于是兴建大楼，而大楼竣工日，又是无法避免的盛极而衰时。本章谈到的几个建筑，均可以用摩天大楼指数加以审视：大都会人寿的钟楼高塔呼应着1907—1910年的美国经济危机；克莱斯勒大厦和帝国大厦竣工于华尔街崩盘后不久。此外，还有世贸中心和西尔斯大厦（Sears Tower），它们是20世纪70年代中期经济衰退的预兆；伦敦的金丝雀码头（Canary Wharf）是在20世纪90年代初经济萧条时期竣工的；马来西亚的双子塔（Petronas Towers）和"亚洲四小龙"兴建的许多其他花哨建筑竣工后不久，这些后起之秀便相继倒下；最近，还有迪拜的哈利法塔，它被金融问题困扰，是当前经济危机的象征。这些建筑不仅仅暗示着某些深层癌细胞的转移，它们本身就是癌症。摩天大楼指数的妙处在于，它逆转了艺术史上的传统因果向量：文化不是经济、政治或历史变革的表面宣言，作为文化的载体，建筑可以推动历史，艺术甚至可以预测经济。所以，当企业开始盖高楼的时候，我们就要小心了。但是灾难的降临可以为崭新的开始腾出空间，或许不久的将来，崩盘可望促成真正的建筑革命。

第五章

圆明园,
北京
(1709—1860年)

建筑与皇权

时时出向城西曲

晋祠流水如碧玉

浮舟弄水箫鼓鸣

微波龙鳞莎草绿

…………

此时行乐难再遇

　　——李白，《忆旧游寄谯郡元参军》[1]，
8世纪

我们欧洲人是文明人，中国人在我们眼中
是野蛮人；

这就是文明对野蛮所干的事情！

　　——维克多·雨果（Victor Hugo），
1861年

　　在北京尘土飞扬的北郊，有一个大公园，通常被为数不多到访那里的西方游客称为"老夏宫"（Old Summer Palace）。那里的灌木丛环绕着大片水域，曾经居住在此地的人留下的唯一痕迹，就是残破的柱子。这些残垣断壁是史上规模最大的宫殿之一 ——圆明园仅存的遗迹。中国最后一个封建王朝清朝的五位皇帝用150年的时间建造了圆明园，这里实际上并非避暑行宫，而是五位皇帝的重要住所，藏有大量绘画、书籍等艺术品。若想更准确地认识它的重要性，可以这样想象一下：凡尔赛宫、卢浮宫和法国国家图书馆三者合一，才能与圆明园相媲美（相比之下，白金汉宫、英国国家美术馆和大英图书馆实在太寒酸）。这个1.3平方英里的花园里挤满了建筑物：富丽堂皇的谒见厅、亭台、寺庙、藏书阁、书房、行政办公室，甚至还有模拟村庄，在这里，太监扮演掌柜，皇亲国戚体验着平民百姓生活的况味。早期的欧洲旅行家对这陌生而奇特的壮丽景象惊叹不已。

至于那些享乐场所，它们着实迷人。其占地广大，有20英尺到60英尺高低不等的假山，假山之间形成了许多小谷地……谷地中，有流水环绕的寓所，布局别致：院落各不相同、门廊或开放或封闭，还点缀有花坛、园林和瀑布，放眼望去，简直就是一场视觉盛宴。[2]

法国传教士王致诚（Jean-Denis Attiret）在1743年如此写道。然而，在1860年10月的短短几天内，这一切都付之一炬。当时，第二次鸦片战争刚刚结束，英国军队不但把园内的珍宝洗劫一空，还放火将这里夷为平地。大火过后，幸存的建筑是残破的柱子和巴洛克花饰，即耶稣会传教士设计的西洋楼。

修建圆明园的清朝统治者不是汉族人，而是越过长城的满族入主者。1644年，这些汉人眼中的"蛮夷"在明代最后一任皇帝崇祯悄悄上吊自杀后，策马入京。征服者们带来了奇风异俗，例如满族男性扎的马尾辫，强制蓄发留辫的做法遭到了激烈的抵抗。但是，满人能够成功入主中原，靠的并不是强制推行满族文化，而是依靠对汉族士人的巧妙讨好、维持前朝传统，并在一定程度上吸收新子民的习俗。清朝最伟大的统治者康熙、雍正、乾隆皇帝在1662—1795年统治期间，有意地推行多元文化，使得帝国疆域持续扩张，并采取中央集权，成就了所谓"康乾盛世"。彼时的中国，是世界上最富有、最强盛的国家，是早期在中亚扩张势力的赢家，这一切为后来欧洲史上的"大博弈"（Great Game）埋下伏笔。随着清朝向西扩展疆域，穆斯林统治的大片沙漠和达赖喇嘛的山地王国均被划入清朝的统治范围，创造出比今天的中国更大的国家。统治者谨慎地将新子民的文化引入宫廷生活，比如娶穆斯林妃嫔，以及大肆宣扬皈依藏传佛教。

圆明园的建筑是体现这一策略的重要场所。清代皇帝大多鄙视北京的紫禁城，甚至称这处明代的传统皇宫为"朱墙黄瓦的阴沟"。相反，他们更喜欢半田园式的生活，环绕在宽敞的花园、湖光山色和狩猎场中间。他们的"御花园"虽远离京城腹地，但依然布置精心，为的是避免自己被指责为外居地主。雍正是第一位将朝廷迁到圆明园的清朝皇帝。他勤政敬业，不愿被贴上"懒惰"的标签。他在圆明园正门内建造了一个缩小版的紫禁城太和殿（正大光明殿），官员上朝时，他会坐在红木宝座上听政。和所有支持在家办公的人一样，雍正坚持认为在放松的环境中他会效率更高。然而，他的大臣们却不像他那么自律，甚至放松过头：1726年某天上朝的时间，雍正坐在勤政殿等待大臣们，但居然一个人也没来。他斥责了大臣们，并把

"无逸"两字挂在宝座后面，提醒他们不要耽于享乐。

雍正皇帝堪称工作狂，多数日子从早上5点工作到午夜，遵守着战争时期才采用的办公作息。他是一位精明务实、讲究高效的统治者，他铲除贪官污吏，设法向语言多元的子民推行标准汉语，并禁止吸食鸦片（当时英国刚开始进口鸦片到中国，日后鸦片对中国人的身体和财政造成重创）。他还在圆明园里开辟农田和丝绸作坊，亲自监督在稻田里如普通农民般劳作的太监。和穿着卖弄风骚的牧羊女装束的玛丽·安托瓦内特皇后不同的是，雍正并非将这里视为装饰，颓废地以体验底层人民生活取乐。中国贵族的园林向来是园主的收入来源，尽管圆明园中的小农场远远不足以为整座园子的完美与光辉买单（据估计，圆明园每年的开销为80万美元），但它像遮羞布一样，为皇帝的这座人间天堂的存在增加了正当性。正如艺术史学家克雷格·克鲁纳斯（Craig Clunas）所言，中国园林是"看似自然的赚钱方式"。[3]

雍正很在意这座园子带来的感官体验是可以理解的，毕竟他战战兢兢地拿捏着两种文化：紫禁城太和殿复制品所代表的皇权，以及田园所代表的休闲享乐。这两种空间之间的对比具有深远的象征意义，正如儒家经典《周礼》所言："惟王建国，辨方正位，体国经野，设官分职，以为民极。"[4]

　　紫禁城依照中轴线分布的对称格局，以及京城的网格状规划，均体现了皇权和皇帝的中心地位。由此，皇帝的威严有规律地渗透到每一寸土地，国中任何一地，无论多么遥远、多么微不足道，皆服从皇帝的统治——多数重要建筑物都是坐北朝南，顺应了皇帝登基时的方位。圆明园中行政建筑规则、对称的排列，便反映了这一组织原则；另一方面，园内那些不对称的建筑布局以及点缀有蜿蜒溪流和小道的起伏地形，则促成截然不同的生活方式：崇尚以沉思取代行动，以不拘一格取代僵化的阶级构成。

　　到了18世纪中期，这种闲适的园林生活尤其为隐士这一特殊阶层所推崇。在中国，要想在庞大而复杂的政府官僚体系中晋升，理论上要看功绩。所有年轻人，或者至少是那些有钱读书的年轻人，都可以参加科举考试，进而在官僚体系的阶梯上获得立足之地。通过考试者可以获得财富、社会声望和权力，然而仕途险恶，失意者便往往寄情田园。受过教育的汉族人尤其如此，他们中的许多人感觉与新政格格不入。这类人多集中在明朝的文化重镇，例如苏州、南京和杭州等长江以南的城市。这些汉族士人在高调退出清廷的同时，又保持着对地方事务的牢牢掌控，用伏尔泰的话说，他们是"寄情于园林"，专注于文学、饮酒、书法和资助。退休官员赵翼诗云：

一枝生花笔，满怀镂雪思。

以此涸尘事，宁不枉用之。

何如拥万卷，日与古人期。[5]

　　这些活动通常在城内设有围墙的府邸里进行，因而无须承受真正隐居洞穴的不便、不舒适和与世隔绝。如今，最有名的园林之一，是苏州的拙政园。这座园林建于16世纪，其白墙黑瓦、多边形窗户，以及由奇形怪状的"拱石"构成的微缩山水景观，成形于清代。园内遍布亭台楼阁，其间点缀着曲桥流水。拙政园（及一般中国园林）把多种景观塞进不大的空间，进而把世界微缩到可理解、可携带，甚至可掌控的程度——它们毕竟是商品，是把财富传给下一代的媒介。园林似乎占有了园主，成为士人生活方式中不可或缺的一部分，许多士人还以园林的名字来称呼自己。一位作家甚至表示"园如其人，每一朵花、每一棵树、每一块石头的安置，尽显主人的举止和神情"。正如皇帝代表疆土，园林便是地方官员的小帝国。这一点，从中国最伟大的小说《红楼梦》中便可看出。

　　曹雪芹的《红楼梦》描述了一个清代汉人望族家道中落的故事。这群显贵的后代寄情于奢华的园林，花大把的时间打情骂俏、饮酒赋诗，内部却暗潮汹涌。家族的嫡子柔弱唯美，当家的贾母为子孙的逾矩行为而苦恼，不可告人的金钱纠葛则威胁着雕梁画栋的宅子和歌舞升平的日子。简言之，这部小说中的"大观园"就是清王朝的缩影，金玉其外、败絮其中。同样，雍正皇帝把圆明园变成了帝国的缩影。他在主要行政区的后方、环绕着大片湖泊的九个岛屿上兴建寝宫，各岛之间及各岛与岸边，由弯曲的堤道和拱桥相连。他根据古代中国划为九个区域的概念，将这里命名为"九州"。这样，他便把国土环绕在了自己的寝宫周围，进而彰显着自己作为中央王国的君主，是为全世界所拥戴的帝王。这种傲慢的作风至今仍不过时，迪拜王子谢赫·穆罕默德（Sheikh Muhammad）在迪拜海岸外创建的人工岛屿度假村"世界"（The World）也如出一辙。

虽然雍正对圆明园及园内建筑贡献颇多，但这里的豪华度是在他的儿子乾隆统治时期达到巅峰的，甚至达到了奢侈至极的程度。清朝这三位盛世的君主，勾勒了犹如布登勃洛克家族①由巅峰走向衰落的弧线。康熙的文治武功和雍正的精明治国使清朝走向强盛。乾隆延续了前人的功绩，但或许做得过火了。新帝国纳入了蒙古和西部的新疆穆斯林地区，国土面积过于庞大，维持起来消耗巨大。尽管乾隆的功绩毋庸置疑，但人

---

① 布登勃洛克家族（Buddenbrooks），出自德国作家托马斯·曼的同名长篇小说，小说描述了该家族的兴衰。

们亦从他的性格中察觉到了骄兵必败的气息；他的60年统治
生涯走向尾声时，贪污腐败让他晚节不保。他在位的最后十年
里，和珅深受宠信（甚至有人说他俩是情人）；和珅则收受贿
赂、勒索钱财，积累了大量的个人财富。与此同时，为了平定
旷日持久的白莲教起义，国库开始出现赤字。

过度扩张、腐败和叛乱使清朝一蹶不振、走向衰败，并让
西方野蛮人有机可乘，在60年后烧毁了圆明园。英国人摧毁的
许多建筑都是乾隆在位时建造的。乾隆一度不知疲倦地展示着
自己高雅的审美，他延续父亲和祖父的做法，雇用了一个雷姓
建筑设计世家，让他们住在圆明园里，建造宏伟的建筑，并增
设绮春园和长春园，将圆明园的面积扩大到1.3平方英里。

乾隆兴建的众多建筑中，包括一系列大型藏书阁。中国园
林讲究文人气息，是供人吟诗作赋和阅读的地方。圆明园也不
例外，这里的文源阁参照著名的宁波天一阁建造。但仅仅是模
仿并不能满足皇帝的胃口。天一阁23米宽，而乾隆的文源阁宽
度是天一阁的两倍多，且有三层楼高，经、史、子、集四个区
域，以绿、红、白、黑区分。

文源阁的镇馆之宝是《四库全书》，共计3.6万余册。它
代表着浩荡的王权，同时有形地展示着皇帝对汉文化的了如指
掌。乾隆于1722年下令编纂《四库全书》，并动用360多位高官

和学者、历时约13年完成了这项工程。这其实是个一石多鸟的诡计：既高调展现了皇帝对传统中国学问的关注，又顺带着让对清朝统治不怎么有好感的汉族士大夫忙活了起来。此外，在编纂这部囊括3462种书的百科的过程中，编辑委员会还被要求编纂一份几乎同样规模的禁书录。列入禁书录的书不是质疑清朝统治，就是触犯了皇上的禁忌，因此统统被烧毁。乾隆编纂《四库全书》被视为为往圣继绝学的壮举，同时又粉饰了文字狱的暴行，让它看似只是个副产品。但是乾隆的破坏行为不像欧洲人那样野蛮地不分青红皂白：1860年圆明园被烧毁时，里面的藏书——包括乾隆的《四库全书》——全部付之一炬。

　　园子不但是个读书的好地方，也是写作的场所。乾隆不遗余力地模仿文人的生活方式，他喜欢盯着牡丹发呆，醉心于湖光与山色，创作了大量诗词抒发自己的感想。他一生中写了约四万首诗，其中很多都是在描绘他的庭园和宫殿。这看似成就斐然，然而一位汉学家曾恼火地说，那只是"大量毫无价值的押韵的句子"。不过，皇帝这项消遣最好被视为一种社会实践，而非真正意义上的"创作"。[6]这和皮埃尔·布迪厄（Pierre Bourdieu）所谓的摄影的展演性异曲同工：是强化实践者社会联系的偶发活动。乾隆作诗就像拍快照一样，最终创作出的作品并不重要，重要的是宣告"我来过"。就这样，他标记了领土上的一草一木，进而巩固了他的权威和所有权。

　　除了作为写作的题材，圆明园本身也成为文字。雍正在九州以西的一个岛上建了一座造型为"卍"的万字房，名为"万方安和"。这座建筑的含义具有双关性，在中文中，字符"卍"代表佛心，读作"万"，是表示数量的单位，又象征四面八方：因此这座建筑表达的是佛陀的慈悲无所不在。（皇帝喜欢坐在这里思索万方安和，而他的将军却在镇压西部诸省。）"万方安和"并非园中唯一一座具有符号形式的建筑，除此之外，还有田字形建筑"澹泊宁静"、工字形建筑"清夏斋"、口字形建筑"涵秋馆"。

　　与此同时，文字也以较小的规模展现出来，比如遍布园内的题字。中国园林不仅是富有文学气息的场所，也与山水画艺术密切相关，成组的石、树、水和建筑被赋予名字，就好比相册中的照片。在圆明园里，这些名字通常取自乾隆的诗句，并以他的书法风格刻在石头或匾额上，有如画上的题注。的确，乾隆的题字遍布中国各地，这亦展现了他对题字的狂热。中国社会普遍认可题词的重要性。《红楼梦》中的一个人物这样描述自家花园："偌大景致，若干亭榭，无字标题，也觉寥落无趣，任有花柳山水，也断不能生色。"[7]

　　这段话所在的章节，描述了命名游戏有多复杂。在大观园正式启用前，家长贾政带领一众清客参观了大观园。他的女儿刚刚封妃，这座园子是为他女儿省亲修建的行辕，所以园子里的景观、建筑都必须以与妃子身份相称的名字命名。定名时，贾政虽假意不允，但还是让他任性柔弱的儿子宝玉来取名。作者煞费苦心地解释了为什么这样做："贾政世代诗书，来往诸客屏侍座陪者，悉皆才技之流"，绝非"似暴发新荣之家，滥使银钱，一味抹油涂朱，毕则大书'前门绿柳垂金锁，后户青山列锦屏'之类，则以为大雅可观"。[8]其实，让贾宝玉定名是贾政测试、教育儿子的一种方法，可以借此确认秩序。

（贾政）抬头忽见山上有镜面白石一块，正是迎面留题处。贾政回头笑道："诸公请看，此处题以何名方妙？"众人听说，也有说该题"叠翠"二字，也有说该提"锦嶂"的，又有说"赛香炉"的，又有说"小终南"的，种种名色，不止几十个。原来众客心中早知贾政要试宝玉的功业进益如何，只将些俗套来敷衍。宝玉亦料定此意。贾政听了，便回头命宝玉拟来。宝玉道："尝闻古人有云：'编新不如述旧，刻古终胜雕今。'况此处并非主山正景，原无可题之处，不过是探景一进步耳。莫若直书'曲径通幽处'这句旧诗在上，倒还大方气派。"众人听了，都赞道："是极！二世兄天分高，才情远，不似我们读腐了书的。"贾政笑道："不可谬奖。他年小，不过以一知充十用，取笑罢了。再俟选拟。"[9]

　　乾隆为圆明园四十景观定名时，也是如此考究（他热衷于列单子），取的名字包括镂月开云（第四景）、上下天光（第八景）、茹古涵今（第十一景）、鸿慈永祜（第十七景）。他命宫廷画师将这些景观临摹为绢本彩绘，并将它们陈列在宫中，每幅作品上附有乾隆题写的诗句（这些作品于1860年遭法国人洗劫，现藏于法国国家图书馆）。但是，乾隆并未止步于模仿园林里的文人活动，他还将园林整个搬进了皇宫。

　　和康熙一样，乾隆曾几次大张旗鼓地南巡。江南一带是汉文化重镇，也是国家财富的主要来源，乾隆试图恩威并施，以文化和权力相结合的方式让被统治者臣服。然而，乾隆南巡往往劳民伤财。一次，在乾隆造访扬州前，为了让皇帝满意，当地百姓被迫对城市进行大规模重建。毫无疑问，这种做法让他失去了本想笼络的民心。在这件事上，乾隆丢掉了"恩"，选择了"威"：一位南方官吏曾公开上书，恳请皇帝取消一次南巡，却因此被施以凌迟。如果这样做还不够，则当事人会遭诛九族或流放。

　　除了带着"大棒"，乾隆下江南时会命画师随行，让他们

绘出南方的著名景观，以便日后在北方的御花园里仿建。其中
"坦坦荡荡"便是依照杭州寺院的放生池建造的。放生池原本
是供佛教徒为捉来的鱼放生的地方，象征着悲悯众生，今天许
多佛寺仍会举行放生法会。然而，当这个景观被复制到圆明园
后，它就变成了皇帝仁德的象征；而皇帝自比为佛陀的傲慢之
举，无疑是有违宗教精神的。

　　除了仿建个别景观外，苏州和南京等地的五座园林被完
整地照搬了过来，以供皇帝欣赏。这展现了乾隆对古典园林的
涵养，也明确无误地传达出这些表面上私有的、无关政治的领
域，已经融入了他无所不在掌控之中。和雍正将寝宫建在代表
天下九州的岛群上一样，乾隆也象征性地将汉族的文化地貌融
入了私家花园。和雍正不同的是，他不害怕别人批评他颓废，
少了满族人的骁勇善战，多了汉族书生的文弱。乾隆自在地扮
演着汉族士人的角色，即便这个角色向来是反对清朝统治的，
但他的权威已让这个角色发生了转换，使它变成了清王朝正
统性与威望的佐证。他满意地看着自己的杰作，傲慢地问道：
"江南还有什么可怀念的呢？"

　　乾隆扩建圆明园的过程中，规模最大的一次是将园子向东
扩建了1059英亩，让园子的面积近乎扩大到原来的两倍。他打
算退位后住在这里。登基时，乾隆宣告自己的在位时间不会超

过康熙在位的六十一年，以对祖父尽孝。（退位后他仍旧掌控着权力，直到四年后驾崩。）乾隆增设的部分取了个喜气的名字"长春园"，由于是退休后颐养天年的地方，比起原有的圆明园，这里显得更随意些。长春园内湖泊众多，在点缀着水景的岛屿上，建有一系列美轮美奂的建筑，包括一个类似天坛的多层圆形建筑，取名"海岳开襟"。

如今，长春园最为知名的景点"西洋楼"，是圆明园现存最完整的一处遗迹；园子里的其他宫殿多为木造，相对容易被烧毁。西洋楼的建造，清楚地展现了清朝对外国人的态度。我们通常认为18世纪的文化交流是单向的，即由东方传向西方，且当时欧洲人对"中国风"确实充满向往，中国的瓷器、丝绸、家具等，在欧洲十分盛行。然而在中国，却涌动着一阵恐欧症。在这个背景下，将西方文化引入中国的主要媒介之一，是明代朝廷邀请的耶稣会传教士，他们的目标是让这个全世界人口最多的国家改变信仰。为了达到这个目标，他们的方式之一就是展示"基督教"艺术与科技的优越性。

不同皇帝对待传教士的态度各有不同：康熙是个好学的人，着迷于西方的科学技术，喜欢在臣子面前展示自己从传教士那里学到的知识；乾隆身边也有传教士，但他更感兴趣的，是以异国表现方式作为反映皇威的镜子。米兰画家郎世宁

（Giuseppe Castiglione）曾在康熙、雍正、乾隆时期任宫廷画师，并为这三位皇帝绘制过肖像。这些画作融合了西方绘画的透视法和中国传统绘画风格，别具一番风味。乾隆明言禁止在他的肖像中使用阴影，因此即便郎世宁绘制乾隆肖像时运用了空间缩退法，画面中仍透着带有宗教气息的平面感。

康熙对科技感兴趣，但雍正只是看重外国科学的新奇感，别无他趣。这种态度与清帝国的衰落相暗合：中国一度是世界上最庞大富强的国家，后来却落在了英国等欧洲新兴势力后面。乾隆之所以请人在圆明园建造西方建筑，是因为他对西方科学更引人注目的成果感兴趣。当他看到带有雕饰的巴洛克喷泉后，便决定自己也要拥有一座。圆明园是清王朝统治下的世界的缩影，在这个中央之国眼中，所有其他国家，尤其是非邻国，都是潜在的藩属国，因此没了这些欧洲建筑，圆明园就不完整了。虽然清代的皇居并非没有引入过来自远方的建筑样式，比如承德避暑山庄有庞大的布达拉宫复制品，但欧式建筑仍属新奇。耶稣会传教士王致诚说，中国人对待欧洲建筑的态度向来很不一样：

他们的眼睛已经习惯于他们自己的建筑，他们对我们的建筑没有什么兴趣。那么请允许我告诉你们，当他们谈到欧洲建

筑，或看到最受我们欢迎的建筑图像时，会说些什么。我们宫
殿的高度和厚度让他们吃惊。在他们眼中，我们的街道是在可
怕的高山中凿出来的；我们的房子是直指天际的岩石，还布满
了像熊或其他野兽的巢穴般的洞。最重要的是，我们层层堆叠
的楼层，对他们来说似乎是很难以接受的，他们无法想象，我
们怎能天天冒着摔断脖子的危险，爬到四楼、五楼。"毫无疑
问，"康熙皇帝看欧洲房屋平面图时说，"欧洲一定是个又小又
可怜的国家，这个国家的百姓找不到足够的土地来扩大城市，
不得不往高了住。"[10]

（王致诚语带轻蔑地补充道："我们可不这么认为，我们认
为这种做法行之有理。"）最后，圆明园建起了许多汉化的巴洛
克风格石造建筑，包括宫殿、观景楼、露台、喷泉、鸟园和迷
宫。以当代欧洲标准来看，这些设计是拙劣的，且流露着一种
令人印象深刻的怪异气息，这一点从遗迹中即可看出。受过耶
稣会传教士培训的中国宫廷画师绘制的一批雕版画，精准地描
绘了这些建筑。画面中，壁柱、圆拱、栏杆和在中国不常见的
玻璃窗清晰可见，最上方还有典型的中式曲线飞檐，显得不太
谐调。这些版画将西方技艺（铜版雕刻和线性透视）与中国传
统表现手法相结合，虽在透视性的缩退空间显得失真，但并非

由于画技欠佳，而是刻意以西方技艺迎合中国意图的结果。据说，画面上的多重消失点，为的是描绘从皇帝无所不见的视角观看这一主题。例如，在大水法的画面中，一条视线便呼应着建筑物对面的户外御座视角。

这些建筑似乎只是乾隆用来展示自己收藏的西方珍宝（他尤爱钟表）的场所，并在庆典场合作为喷泉和烟火的衬托。但是，至少有一个人曾在西洋楼里居住过——来自刚被征服的新疆的香妃。曾有许多关于香妃的浪漫传说：据说她是从穆斯林部落俘虏来的，乾隆深深地爱上了她，但她不愿引起他的注意，宁愿过与世隔绝的生活，与宗教为伴，最后抑郁而死。真实情况则平凡得多：这个妃子不过是政治现实下的性交换品。她来自曾与清朝结盟的突厥部落，她的家族曾辅助清廷平定新疆。为巩固结盟关系，族长把女儿嫁给了乾隆。然而，她可能确实曾把自己居住的一处欧式建筑当作清真寺，因为清廷对宗教的态度是开明的，只是不容许基督教徒过于积极地传教：雍正禁止传教士在京城外传教。清朝在性和建筑方面的征服（分别以突厥和欧洲为对象），逐渐融入圆明园象征帝国缩影的秩序中。

不久之后，圆明园也成了帝国衰落的象征，因为在乾隆在位的最后十年，他日渐昏庸，帝国遂随之衰落。乾隆八十大寿时，英国曾派使节团入宫，据领队马戛尔尼（George Macartney）伯爵观察：

中国犹如一艘破旧的、不理性的一级战舰，在过去的一百五十年里，一批机警能干的军官让它幸免于沉没。这艘战舰仅凭其庞大的身躯就让邻国望而生畏。可一旦将指挥权交给一个平庸之才，那么舰上的纪律和安全便无从谈起。它或许不会立即沉没，还能苟延残喘地漂浮一段时间，但终将在岸边四分五裂，且永远无法以原有的基底重建。[11]

乾隆寿辰当天，在圆明园举行了盛大庆典，并展示了西式喷泉。但是喷泉的抽水泵早已坏掉，外加耶稣会传教士已于1773年被教皇解除任务、离开了这里，因此坏掉的喷泉无人修缮。乾隆只得命太监拎来一桶桶水，把巨大的水库填满，费力又耗时。不可否认，大水法表面上是壮观的，但实际上已无法发挥作用，这暗喻着清王朝无法回避的穷途末路。

1860年10月19日傍晚，圆明园已不复存在，周遭的景观亦面目全非，只能凭着烧焦的山墙和成堆的木材，辨认出昔日宫殿的所在。多处建筑物附近的松树也着起了火，只留下烧焦的树干标记着原址。我们初次入园时，感觉像是进了童话里的仙境；而在10月19日离开后，留下的是一片荒芜的废墟。[12]

这段文字出自英国军官吴士礼（Garnet Joseh Wolseley），写于第二次鸦片战争（1856—1860年）结束后不久。这场战争的起因，是要迫使一个主权国家将毒品贸易合法化。战争临近结束时，双方议和，咸丰皇帝逃往承德避暑山庄，英法联军则强行进入已经寥无人烟的圆明园。

这座人间天堂让入侵者目瞪口呆，他们丝毫没有受到圆明园看守者投湖自尽、尸体漂于湖面的影响。在皇帝的众多财产中，他们发现了三辆由朗格戈（Longacre）的哈契特（John Hatchett）制造的豪华马车。但这三辆马车从未被使用过，因为马车夫须背对乘客而坐，这有违皇家礼仪。此外，还有几口英式大炮，同样未经使用——具有讽刺意味的是，它们正是之前到访的英国使节团带来的礼物。然而，惊讶之情旋即转为贪婪。参与掠夺的人描述了当时令人难以置信的场景：穿着长袍的士兵们到处跑，砸碎无价的花瓶。剩下的大部分文物被运往伦敦和巴黎，大英博物馆至今仍藏有大量掠夺来的战利品，其中包括中国绘画名作之一——东晋年间顾恺之《女史箴图》的唐代摹本。

可以理解，签署和平条约时，皇帝派出的大臣很不情愿，因为条款要求割让中国大片领土，以及将鸦片交易合法化。然而，此前奉命前来议和的谈判代表被扣留并关押监禁，其中有致死者，无疑引起了愤怒。作为惩罚，英国的谈判代表额尔金勋爵（Lord Elgin，其父曾将帕特农神庙的大理石带回英国）单方决定烧毁皇帝最爱的居所（法国这次倒是金盆洗手，称纵火是"哥特式的野蛮行为"）。针对报复行径，额尔金辩解道，这是在不伤害中国百姓的情况下回击皇帝的一种方式。他热衷于强词夺理，曾在掠夺后写道：

我刚从圆明园回来。那里美轮美奂，宛如英国公园：无数的建筑设有别致的房间，房间里摆满中国古董、精致的时钟、青铜器等等。但是，唉！视力所及却是一片破败……没有一个房间里还有完整的文物，多半文物不是被夺走就是被砸碎……战争是可憎的。见得越多就越恨之入骨。[13]

不久后，他便下令火烧圆明园。英国人最擅长以鳄鱼的眼泪浇盖灰烬，上述哀叹则呼应了"白人的负担"①这种修辞。西

---

① 《白人的负担》（"The White Man's Burden"）为英国作家吉卜林（Rudyard Kipling）的诗作。有观点认为该诗的本意在于宣扬种族优劣论，鼓吹白人至上、其文化也优于其他种族。

蒙·沙玛[①]所谓的"善意帝国"，不如称其为"邪恶信念帝国"。
额尔金尤其爱对国际事务感到罪恶，唯一胜过他无尽的自我否
定能力的，是他的残酷。他曾在加拿大、印度和中国主持帝国
主义战争，所到之处统统留下一连串的毁灭和自怜。在去轰炸
广东的途中，他读了一篇镇压印度"哗变"的文章，于是想
象："我能做些什么来阻止英国因对另一个软弱的东方种族的
蹂躏而遭受天谴？难道我付出的所有努力，只是为了让英国
人在更多地方展示他们的文明和所信仰的基督教是多么空洞肤
浅？"[14]他的日记中，到处都是这种充满罪恶感的慨叹，让人想
起刘易斯·卡罗尔笔下的吃牡蛎的海象。

　　　"我为你哭泣，"海象说，

　　　"我深表同情。"

　　　他啜泣着挑选出最大的一只，

　　　从口袋里掏出手绢，

　　　放到噙着泪水的眼睛上。

　　伪善的自我开脱不仅仅是欧洲帝国主义先锋的专利，洗劫

---

① 西蒙·沙玛（Simon Schama, 1945—　），哥伦比亚大学艺术史教授。

圆明园的批评者中最著名的一位也会这一套。维克多·雨果曾哀叹："这就是文明对野蛮所干的事情！"多年来，许多中国历史学者认同并引用了这句话。事实上，雨果拥有大量上乘的中国丝绸，这些丝绸是法国士兵从圆明园掠夺来的。事发后仅仅五年，他就买下了它们。当时，他的愤怒显然淡去了。

　　身为帝国主义者的额尔金看似苦恼，而他在评论自己所毁坏的艺术品时，则显然流露着傲慢之情：

　　我认为在艺术方面，我们没有什么可以向那个国家学习的……中国人对于崇高与美的概念，主要的产物就是些怪诞的作品，这是最具讽刺意味的。尽管如此，我还是倾向于相信，在这一大堆怪物和垃圾中，隐藏着某种神圣的火种，我国那些才华横溢的同胞，或许可以受这火光的感染，把它发扬光大。[15]

　　身为"小店主之国"的一员，额尔金最大的遗憾似乎是被毁坏的文物大都价值不菲。"洗劫、摧毁了这样一个地方，已经够糟糕的了，但更糟糕的是浪费和破坏。在价值100万英镑的财产中，我敢说有5万英镑的东西都无法变现。"[16]自从18世纪开始，欧洲人对中国文化的态度发生了极大的转变，1761年建筑师威廉·钱伯斯（William Chambers）在英国皇家植物园邱园

（Kew）中建造的中式宝塔引发了中国艺术热。钱伯斯也建造过很"不中国"的萨默塞特府①，他曾亲赴中国，对中国建筑知识了解得异常精准。同一时期，腓特烈大帝在波茨坦（Potsdam）修建了华美的"中国茶亭"（Chinesisches Haus）。然而到了19世纪中叶，欧洲已经崛起，启蒙时代的人物对中国的赞颂，比如伏尔泰对儒家思想的推崇，已被亚当·斯密（Adam Smith）的自由放任思想取代，进而认为中国这个止步不前的专制社会行将就木。1858年9月20日，马克思曾在《纽约每日论坛报》（*New York Daily Tribune*）发表文章，以其特有的简洁描述了发生这一变化的时刻。

那个庞大的帝国，拥有全世界近三分之一的人口，在时间的吞噬下，无动于衷地过着枯燥乏味的生活。它被排除在广泛的交流之外，因而终日做着天朝上国的美梦，殊不知在致命的决斗中，这样的帝国终将逃不过命运的安排。在这场决斗中，出局的是以伦理道德为本的古老世界，胜出的则是为争抢在最便宜的市场买入、在最高价的市场售出的特权而战的现代社会——这的确是一种悲剧性的组合，怪异得超出任何诗人的想象。

---

① 萨默塞特府（Somerset House），位于伦敦中部的一座大型建筑，俯瞰泰晤士河。

　　正如我们所看到的，西方世界将刚获得的霸权转化成了对中国文化的蔑视，甚至连中国人的性命也一并蔑视。英法联军占领北塘的过程中，把这个镇子毁掉大半，额尔金的一名手下日后天真而阴险地思索：这个镇子原本有两万名居民，但是"大部分人最后的下场是什么，我们无从知晓"。[17]海因里希·海涅（Heinrich Heine）曾在19世纪初写道，焚书者终将烧人。

　　圆明园现存的最为清晰可见的，是西洋楼遗址。今天的北京、上海和中国其他大城市，充斥着中西合璧的现代建筑，例如由瑞士的赫尔佐格和德梅隆韦斯特（Herzog & de Meuron）与中国设计师共同设计的北京的"鸟巢"体育场、由老顽童雷姆·库哈斯（Rem Koolhaas）设计的中国中央电视台的新总部大楼……此间，或许真正值得思索的是，在走出了昔日硝烟的当代中国，西方设计师所扮演的角色。

第六章

节日剧院，
德国拜罗伊特
（1872—1876年）

建筑与娱乐

建筑物是广受欢迎的舞台。它们被分割成
无数个剧场，同时上演着戏剧。阳台、庭院、
窗户、过道、楼梯间、屋顶，全是舞台，也是
包厢。

  ——瓦尔特·本雅明、阿西娅·拉齐
丝（Asja Lacis），《那不勒斯》（*Naples*）[1]

百老汇正沦为康尼岛。

  ——理查德·罗杰斯（Richard Rodgers）、
劳伦茨·哈特（Lorenz Hart），《把它还给印第
安人》（*Give it back to the Indians*）

　　我对于建筑最生动的记忆之一，形成于16岁左右。记忆之中，我缓缓走在家中狭窄的石造走廊上，那条弯曲的通道就好比中国人所谓的羊肠小道，最多只能看清前面几尺远的地方，但是每个拐角处传来的奇怪的咕哝声，都让我对前方的事物产生警觉。我一边感到不安，一边继续慢慢往前走。突然，一个身影从黑暗中冲了出来，是个顶着猪鬃朋克发型、露着弯曲的獠牙、戴着一副太阳镜的奇怪的猪人结合体。它正全速向我跑来，我吓坏了，幸好马上便回过神来，举起枪射杀了这个怪物。

　　也许你也有类似的记忆。这款面世于1996年的《毁灭公爵3D》（*Duke Nukem 3D*），是第一代3D射击游戏中最受欢迎（也颇具争议）的一款，很容易玩上瘾。回忆起来，游戏中最吸引人之处，或许就是通道、洞穴和荒废的工厂所营造出的悬疑和恐怖感。以今天的标准来看，这种动画效果很低端，画质也是粗糙的，但看到游戏的截图时，空旷的游戏空间仍让我不寒而栗，而屏幕下方时不时冒出的持枪的手，则提示着我这是我的视野和经历。当时，我的情绪被游戏紧紧抓住，完全不像个已经16岁的人，其中的原因或许在于，电脑屏幕犹如一扇门，贯通熟悉的家和令人不安的他方。与电视里的虚构节目不同的是，在这里我是故事的主角。有时我打游戏打到深夜才睡，梦里我会继续走那些通道。

我想我们这一代中许多人对虚拟建筑都有类似的深刻记忆。虽然电脑游戏是新媒体，但是娱乐活动所涉及的建筑向来在人类生活中扮演着重要的角色，从古希腊的圆形剧场到20世纪20年代美国的"电影宫"[1]，都是如此。娱乐远不只是用来打发时间的手段，而是一项重要的社会体验。娱乐建筑及身在其中的体验，已根植于我们的集体记忆与个人想象中。例如，昏暗的电影院是许多人献出初吻的地方，带有浓重的情欲色彩；而荧幕上的建筑，无论是加里·格兰特（Cary Grant）住的房子还是希区柯克（Hitchcock）想象出来的建筑，借由环绕在空间里的摄像机镜头，观众仿佛身临其境，留下了深刻的空间记忆。本章要追溯的是从圆形剧院到电脑屏幕上的娱乐建筑的演变。不妨就从那个既愚蠢又意义重大的关键插曲——建成于1876年的理查德·瓦格纳（Richard Wagner）的节日剧院（Festspielhaus）谈起。

---

① 电影宫（Picture/Movie Palace），特指装饰豪华的大型影院。

　　对于不熟悉瓦格纳音乐作品的人来说，他的名字或许让人联想到戴着角盔、身材肥胖的女高音，以及讲述魔法指环故事的冗长歌剧，还有与纳粹的关联——瓦格纳确实是希特勒最喜欢的作曲家之一，又有低劣的反犹太行径。但是，回想一下电影《现代启示录》（*Apocalypse Now*）中那经典的一幕：美军直升机伴着扩音器里传来的《女武神的骑行》（*Ride of the Valkyries*）音乐，从海面上空俯冲向一个越南村庄……此间，人们感受到的是瓦格纳音乐力量的历久弥新和模棱两可的道德性。他的作品曾令同时代的人反感，使人们分为瓦格纳派和反瓦格纳派，有时甚至迫使人背井离乡，比如德国作家托马斯·曼（Thomas Mann）在1933年发表了关于瓦格纳"病态英雄主义烙印"的演讲后，便流亡海外。[2] 马克·吐温曾写道："我看过瓦格纳每一部作品的第一幕，非常享受，对我的震撼非常大，大到只看一幕就够了；看两幕就会觉筋疲力尽；如果尝试看完一整部，简直无异于自杀。"[3] 尼采曾短暂地与瓦格纳交过朋友，众所周知，他对瓦格纳的态度从崇拜转为批评。马克思主义理论家西奥多·阿多诺（Theodor Adorno）对瓦格纳则是辩证地爱恨兼有。其他人的立场就没那么矛盾。巴伐利亚国王路德维希二世（Ludwig II）、波德莱尔（Charles Baudelaire）、萧伯纳、奥登（W.H.Auden）、艾略特（T.S.Eliot）、达利（Salvador Dali）和王尔德（Oscar Wilde）都狂热地喜爱瓦格纳作品中病态的情欲色彩和令人不安的和弦。他的不和谐音催生了马勒、勋伯格（Arnold Schoenberg）的前卫作品，并影响了无数好莱坞电影配乐，例如伯纳德·赫尔曼（Bernard Hermann）为电影《迷魂记》（Vertigo）所作的令人难忘的配乐。瓦格纳的"总体艺术观"（Gesamtkunstwerk，又指集诗歌、音乐和戏剧于一体的作品）对19世纪末的艺术及后来的现代主义影响深远。阿多诺甚至认为，提出了"总体艺术观"的瓦格纳堪称电影之父。

瓦格纳的歌剧院[或称戏剧院，他称自己的作品为"音乐剧"（music drama），以区别于歌剧]和他的音乐一样独特。这座剧院是专为演出他的作品而建的，至今每年夏天仍扮演着这样的角色。剧院坐落在巴伐利亚小镇拜罗伊特（Bayreuth）的一座小山丘上，四周是田野，这使剧院显得气势雄伟，但并不算异常华丽：它原是填满红砖的木结构建筑，近年才以钢筋混凝土翻建，其接地气的民俗风格意在和19世纪宏伟的古典歌剧院形成对比。

查尔斯·加尼叶（Charles Garnier）设计巴黎歌剧院[Opéra de Paris，又称加尼叶歌剧院（Opéra Garnier）]时，将古典传统发挥到了极致。巴黎歌剧院比瓦格纳剧院早一年揭幕，它气势恢宏，坐落在奥斯曼（Georges-Eugène Haussmann）改造后的巴黎的几条大道交汇处。歌剧院外观布满各个时期华而不实的装饰元素，室内装饰风格大同小异，门厅富丽堂皇，建筑改革家、哥特复兴主义者维奥莱-勒-迪克甚至认为"大厅好像是楼梯的配套设施，楼梯并非为大厅而建"。这在一定程度上是酸葡萄心理，因为他在竞争成为该建筑的设计师时输了。但他说的也不算错：在法兰西第二帝国时期的巴黎，资产阶级入侵公共生活的舞台，剧院成为他们之间互相炫耀的场所，看演出只是为看别人和被别人看而找的借口。尽管几个世纪以来，这种情况在某种程度上一直存在，但巴黎歌剧院不同于早期的剧院，也不同于英格兰等落后国家的剧院。在其他剧院，贵族是从私人通道进出，地位较低的人走的则是不起眼的侧门，但对于巴黎资产阶级来说，凡是买得起票的人，都可以走华丽的楼梯进入剧院，这在外国访客看来简直不成体统。

此时，德国的歌剧院仍然延续着200年前的封建传统。德国在1871年统一之前，分为大小不一的多个邦国，每个邦国的宫廷都有自己的剧院，由当地的统治者赞助。坐落在德累斯顿的宫廷歌剧院便是其中之一。德累斯顿是萨克森王国金光闪闪的首都，亦是富庶和高雅文化的代名词。1848年堪称"革命之年"，整个欧洲近乎沸腾，德累斯顿则是一系列革命活动的策源地，那里居住着无政府主义之父米哈伊尔·巴枯宁（Mikhail Bakunin）、宫廷建筑师森佩尔（引言部分曾提到他的"加勒比小屋"），以及萨克森王国管弦乐团的指挥瓦格纳。

这三个人经常聚在一起讨论革命、统一和宪法改革的可能性，尽管巴枯宁比森佩尔和瓦格纳激进得多。他们还天真地向国王请愿，希望国王宣布共和，似乎并没有意识到他们的政治活动已危及共和，甚至他们的性命。然而，摇摆不定的国王无视改革的呼吁，于1849年5月下令向德累斯顿百姓开火，在全城竖起路障。局势的变动让瓦格纳欢欣鼓舞，他建议森佩尔将建造皇家歌剧院的天分转移到革命事业中，就这样，一层楼高的小堡垒"森佩尔路障"应运而生。瓦格纳曾略带嘲讽地说，那是"凭着米开朗琪罗或达·芬奇的责任心"建造的，这两个人当年都曾担任军事工程师。森佩尔亲自在他的路障旁驻守了三天，瓦格纳则在街上游行，扬言要烧毁皇宫——皇宫附属的旧歌剧院确实被烧毁了。然而，当普鲁士军队突袭德累斯顿时，瓦格纳和森佩尔觉得没戏了，就逃跑了。森佩尔来到了伦敦，发现很难找到工作，于是大部分时间都泡在大英图书馆，撰写建筑论述（1848年，另一个流亡者卡尔·马克思就坐在附近）；瓦格纳则逃到瑞士，并让他的妻子带着宠物鹦鹉一同前往。

流亡苏黎世期间，瓦格纳发表了数篇论文，其中包括《未

来的艺术品》("The Artwork of the Future")、《艺术与革命》
("Art and Revolution")，以及反犹太的论战文章《音乐中的犹
太精神》("Judaism in Music")。尽管在今天看来，这些作品或
许乏味、难懂、浮夸，但它们却体现了他对艺术使命的看法，
以及这些使命在"总体艺术"中的融合。同时，瓦格纳开始创
作歌剧剧本（libretto）——自己撰写歌剧剧本也是瓦格纳的一
项创举——《尼伯龙根的指环》(*Der Ring des Nibelungen*)。这
部作品由四部歌剧组成，演出时长长达15小时，讲述了追求魔
戒力量的人终将交厄运的故事。

瓦格纳的耳畔依然回荡着革命之声，难怪这些作品皆弥漫
着马克思主义批评家格奥尔格·卢卡奇（Georg Lukács）所谓的
"浪漫的反资本主义"，即抵制资产阶级体系的官僚约束和金钱
至上观，但不提倡阶级斗争，而是希望回到某个幸福年代。瓦
格纳认为，应让剧院回归社会的核心位置，以弥合现代生活与
艺术之间的裂痕；他认为，在过去互相融合的社群中，剧院就
是社会的重心，古希腊便是如此。戏剧性的总体艺术既可以整
合不同门类的艺术，同时又能让"各类艺术首度发挥其完整的
价值"。例如，音乐和绘画放弃叙事，因为会有脚本相伴，而诗
歌也无须再费力地用文字勾勒画面。但总体艺术最重要的一面
或许是整合观众：不仅整合观众自身，还整合观众与舞台上的

表演，进而打造出一个共同体、一个民族（Volk）。为了实现这一目标，瓦格纳仿效古希腊的做法（古希腊的一些圆形剧场甚至能容纳1.4万名观众），将剧院的大门向整个社会敞开，而非仅仅对懒洋洋的富人开放，结束了阶级间的区隔。在整合的过程中，观众的个体性亦能像各个艺术形式一样，得到最大的实现，正如瓦格纳所言："唯有在共产主义中，自我主义才能得到完全的满足。"[4]但是，瓦格纳对共产主义的认识与马克思和恩格斯在《共产党宣言》（*Communist Manifesto*）中的主张大相径庭；后者比瓦格纳的《艺术与革命》早发表一年。瓦格纳的共产主义是民族性的，而非国际性的，它根植于一个团结的民族，既进步又保守，希望通过回望想象中的古老世界，来创造一个更美好的未来。

瓦格纳的民族主义很大程度上是时代背景下的产物，但对古典剧场的推崇并不算标新立异。早在15世纪，意大利人就开始推崇古典戏剧。15世纪以前，戏剧多是宗教性的露天表演，中世纪宣传宗教的神秘剧和世俗性娱乐活动，就是在教堂周围或市集广场上进行的。剧院回归古典，始于1486年的意大利费拉拉市（Ferrara）。彼时，在公爵府的庭院中上演了古罗马剧作家普劳图斯（Plautus）的《孪生兄弟》（*Menaechmi*）——莎士比亚的《错误的喜剧》（*Comedy of Errors*）便是以此剧为基础创作的。这个庭院曾是一个市集广场，13年前（1473年）公爵将它吞并，把原先的公共空间转化为私人地盘（第四章中讨论过这一过程）。教会通常不允许世俗戏剧的演出，而在这里，演出内容则无须获得教会的认可，同时观众也是私人邀约而来的：以前谁都可以在市集广场观看演出，现在只有公爵同意才能入场，公爵夫人和其他贵族女性则在高处的凉廊里俯瞰表演，这就是皇家包厢的雏形。

100年后，威尼斯伟大的建筑师安德里亚·帕拉迪奥（Andrea Palladio）和文琴佐·斯卡莫齐（Vincenzo Scamozzi）设计了古典时期以来首座以功能为导向的剧院，其业主也不同寻常。这就是奥林匹克剧院（Teatro Olimpico），业主是由一群学者、商人和艺术家（包括帕拉迪奥本人）组成的维琴察奥林匹克学院（Olympic Academy of Vicenza），学院致力于古典文化的研究和推广。由于赞助人并非王公贵族，所以剧院的观众席没有呈现出阶级性：没有包厢，观看角度也没有好赖之分，只有斜坡上的带状长椅，类似古代剧院。比古典主义更进一步的是，舞台后方以描绘城市的画面作为永久背景，这仿效的是希腊圆形剧场的舞台"景屋"（skene），即构成背景与后台区域的部分。帕拉迪奥赋予了这座建筑浓郁的文艺复兴气息：壁柱林立，塑像壁龛遍布，但雕像塑造的不再是帝王的形象，而是古典作家和地方显贵的形象。在舞台景屋的开口处，有七条以错视法绘制而成的"街道"，那实际上是浅浅的通道，借由透视退缩手法，创造出纵深很深的错觉。七条"街道"从不同角度面向舞台，强化了观众席的民主性，所谓最佳观赏角度已不复存在。

尽管这一时期也有其他剧院将城市搬上舞台，但文琴佐的民主布局却不同寻常。当时，多数剧院属于公爵或王子，在视线上有着清晰的阶级划分：公爵坐的凉廊高高在上，位于其他观众的后方，舞台的设计则呼应了公爵的视线。这反映出公爵与城市的关系，公爵在剧院里看戏，就好像在他府邸的凉廊俯视这座城市，由此，剧院成了国家的缩影。相对于公爵坐在最佳位置所看到的景象，坐在下方的观众所看到的城市则是扭曲的，这样一来，他们便能意识到自己的从属地位，这是一个很"文艺复兴"的招数。在接下来的200年里，这种布局成为统领欧洲剧院的惯例。典型的例子是1748年拜罗伊特侯爵修建的歌剧院。在这里，侯爵包厢有如巴洛克珠宝盒，装饰有令人厌烦的丘比特男童天使，顶部还有巨大的镀金皇冠，而这个金碧辉煌的包厢，就是剧院最引人注目的焦点。

瓦格纳并非第一个试图把戏剧从封建时代旧梦中摇醒的人。1784年，法国大革命爆发前五年，抱有乌托邦理想的法国建筑师勒杜（Claude-Nicolas Ledoux）为贝桑松镇（Besançon）设计了一个具有突破性的剧院。不同于过去的多数剧院，这座质朴的新古典主义建筑不再是宫殿的一部分，但它也不是首个独立的纪念性剧院建筑——这项殊荣属于腓特烈大帝的柏林歌剧院。柏林歌剧院建于1745年菩提树下大街（Unter den Linden）的一个专门清空的广场上，并深受伏尔泰赞扬，他认为，相比之下，法国的剧院无异于糟糕的中世纪产物。受伏尔泰和狄德罗等戏剧改革者的启发，勒杜回归了古典时期的圆形剧场。他写道，希望通过这座建筑"建立新的宗教"，摒弃过去剧院里的大量装饰，以便让观众将注意力集中在舞台上上演的道德规训上。他还去除了贵族的私人包厢，因为那是"巨大的鸟舍，世间的权贵栖息在鸟舍中高贵的枝头上"。[5]他去除私人包厢的部分原因是想创造出完全可见的社会缩影，也为了防止有人在布幔后面胡来。为了完成这个社会缩影的建构，勒杜还提议为较贫穷的观众安排座位。此前穷人们是站在舞台前方平坦的池子（pit）里观看表演的，在整个演出过程中他们随意走动，发出很大的噪音，并散发着一股难闻的气味，勒杜嗤之以鼻地写道。

如果一切按计划进行，那么在剧院中，传统社会秩序将被颠覆：观众们全部坐在圆形剧院的斜坡座位上，最贵的座位离舞台最近，最便宜的座位接近上方的椽木。然而巴黎贵族多年来一直强烈抵制这种变革。他们把剧院包厢视为地位的象征，在这里，他们进行社交活动、搞婚外情，因此不希望现存的秩序被打破。在圆形剧场式的观众席，他们的能见度将会降低（不足以展现他们的存在），同时又将过于显眼（不能在布幔后面做坏事）。最终，勒杜把所有观众拉到同一水平面的野心不得不调整：贵族仍有包厢，平民仍在池子，只是池子里设了座位。

勒杜的视觉规范不折不扣地反映了启蒙时代的理想。他说："每个人可以清楚地看见四面八方，也会被清楚地看到，这能够增加看戏的乐趣，又有助于保持行为的得体。"[6]这呼应了英国哲学家边沁（Jeremy Bentham）发明的、借由透明度实现强制性的全景敞视监狱（panopticon）。在这种监狱中，牢房设在四周，中央设有瞭望塔，从牢房里看不见瞭望塔内部，因此囚犯无法知道自己是否正在被监视，但因为每时每刻都有被监视的可能，所以他们会不断修正自己的行为。最后，规范就内化了，每个囚犯心中就好像长了一只眼睛，注视着自己的一举一动。边沁提倡以较为人性化的全景敞视监狱取代手铐脚镣和地牢，同时认为这一理念也适用于工厂。而勒杜的创举则在于将这种视觉规范运用在监狱和工厂之外的娱乐与剧院——换句话说，是应用于整个社会，而不仅仅是约束底层人。

这与早期剧院的"视觉体制"（visual regime）形成对比。在古代的露天圆形剧场里，观众的视线会被引导到演员、演员身后的景屋（或象征城市，或象征居家空间，视实际使用的背景幕而定）上，然后望向景屋后方。由于圆形剧场通常是从希腊城市中心的卫城附近的斜坡上凿出来的，所以观众的视线会延伸到山下的城市和城市外的大自然，比如山谷、海洋或森林。不过，如果单凭这一点就说古代人拥有更完整的世界观，则是以偏概全的（希腊看戏者当然也相互偷窥），但与中世纪的剧院做对比，确实具有启发意义。中世纪的观众不是俯视、望向大自然，而是仰望在市集广场或教堂前方搭建的临时舞台，相应地，背景幕根据表演的具体内容，呈现出商业或宗教性质。后来，文艺复兴时期的王公贵族将剧院围起来、私有化，并通过视角的差异化创造出受到严格控制的视觉体制，这样一来，表演无疑迎合的是统治者的视线。

这种情况延续到19世纪，彼时的贵族不仅用望远镜看戏，还发展出共同暴露的文化。他们以包厢来衡量社会地位，还在这里搔首弄姿、半公开地进行私人生活。勒杜仍在这一传统中设计剧院，但他带来了带有启蒙色彩的转变：贵族们不再在君主的监视下彼此展示，取而代之的是全盘的可见度，用边沁式的说法，可称之为"全景敞视主义"（Panopticism）——这种抽象的、因内化而无处不在的社会控制方式，为即将到来的后绝对主义时代埋下了伏笔。

勒杜设计剧院时，制作了一幅神秘的、颇具暗示性的版画。这幅作品象征了他对视线、启蒙、社会和剧院的看法。画面展现的是一只巨大的眼睛，虹膜映出的是贝桑松剧院观众席的画面。或许这代表着演员望向观众，他的眼睛映出了观众，意味着他是观众在舞台上的替身，而这部戏也象征着社会。观众席上方射出一道光，表面上是为观众带来光芒，实则起到规范他们行为的作用，因为没有谁能在微亮的包厢里隐藏自己的不轨行径。这束启蒙之光是来自上帝还是演员的头颅？这束光是否象征着更为广义的概念，即视线或监视本身就是启蒙？抑或象征着建筑师满意地看着自己的作品，寄望于通过在观众席上小心地划分社会阶层，为人民带来启蒙与秩序？

90年后，瓦格纳实现了勒杜将观众拉到同一平面的愿望，虽然他在其中加入了自己的诠释。上次提到瓦格纳时，他正因1849年革命失败、为躲避德国当局追捕而流亡海外。虽然他在1862年获准返回祖国，但这次返乡却并不愉快。他饱受疾病、婚变、通奸丑闻和财务困境的折磨——那些愤怒的债主（其中包括他的多数朋友）可苦了他。他急需找份工作糊口，为了躲避债主的追击，他不断搬离一个又一个沉闷的小镇。1864年，当他在斯图加特已近乎走投无路时，却绝处逢生。那年稍早的时候，他最忠实的乐迷加冕为巴伐利亚国王路德维希二世，继而开启了为期18年的王朝，而他一登基，就召见了瓦格纳。但这并不像国王想象得那样简单。这位作曲家四处躲藏，国王的手下好不容易找到瓦格纳时，还颇费了一番口舌才让瓦格纳相信他不是法警。瓦格纳听到路德维希的提议时，一定大吃一惊：他计划悄悄把瓦格纳带到慕尼黑，替他偿还所有债务，并不遗余力地支持他完成《尼伯龙根的指环》的创作。

起初双方关系融洽。路德维希13岁初次接触到瓦格纳的作品时，就对他心生崇拜，而瓦格纳最爱的，莫过于被崇拜。平心而论，这位年轻国王对艺术的投入与感悟，也让瓦格纳深受感动。接受皇室赞助或许令人吃惊，毕竟前文谈到这位作曲家时，他正在德累斯顿搞革命。但是流亡给他的革命热情泼了冷水，而共和理想也未曾实现。同时，他的"民族"观念愈发变得沙文主义，人生观也莫名地发生了转变，或许是受到了叔本华虚无主义哲学的启发——叔本华曾借鉴佛教遁入空门的观念。瓦格纳发现国王和他一样厌恶平庸，并深信艺术对人生、戏剧对社会非常重要。这些信念最终表现为一座大剧院，这座大剧院就好像瓦格纳和路德维希的纪念碑，尽管它最终成了这两个人的灾难。

瓦格纳抵达慕尼黑后不久，便向国王推荐了他的老同志戈特弗里德·森佩尔，称他是为上演《尼伯龙根的指环》设计剧院的最佳人选。不过，建筑师和作曲家的关系向来不融洽，在建筑该采取何种形式方面往往存在分歧。森佩尔和国王认为建造一个宏伟的永久性建筑会更合适，而瓦格纳仍对改革怀有一腔热情，有时甚至表达极端的想法，认为他的作品应该在一个临时的木造建筑里免费演出，音乐节结束后，建筑就该被拆掉，布景、道具和乐谱也一并烧毁。森佩尔显然深感绝望，与优柔寡断的国王、工于心计的大臣和难以捉摸的瓦格纳周旋了三年后，他写信给瓦格纳说："你的作品……太宏伟、太丰富，不像样的舞台和木棚是撑不起的。"[7]

最终，瓦格纳被说服，同意建造永久性舞台，但它和其他歌剧院全然不同。首先，观众席是设在一整片斜坡上的阶梯式座席，和古代圆形剧场一样消除了社会等级差异，让剧院不再是社交、炫耀的空间，进而让观众把注意力集中在戏剧上。其次，管弦乐团将位于舞台与观众席之间的凹陷处。这并非史无前例的创新，勒杜曾在贝桑松剧院提出过相同的方案。而瓦格纳将管弦乐团安排在此处的特殊理由是，这样舞台上进行演出时便可以伴随着不知从何而来的音乐，由此，完美无瑕的总体艺术得以生成。第三，舞台前部将被双重镜框包围，创造出瓦格纳所谓的"神秘深渊"（Mystischer Abgrund），让观众与戏剧分隔开来，进而清楚地表明这是一个神圣的领域，同时又让观众难以抗拒地聚焦于这个框出的漂浮移动的画面。

尽管慕尼黑市民对在这里上演瓦格纳的歌剧拍手叫好，但由外来者兴建一座如此奢华的节日剧院，着实让当地人觉得过分。宫廷和媒体圈中反对瓦格纳和国王的派系揪住了这一点，而慕尼黑音乐界也对一个外来者的成功产生了嫉妒之情。与此同时，瓦格纳在国家资助下的挥霍、他的傲慢，以及他与指挥的妻子柯西玛·冯·比洛（Cosima von Bülow）的丑闻使他声名狼藉。1866年，国王被迫把他请出慕尼黑，并向他保证这是暂时的，然而自此一去，瓦格纳便未再返回慕尼黑居住。

无论如何，瓦格纳对在慕尼黑修建剧院的热情都冷却了一段时间。他想找到一个崇拜他的艺术的地方，而无须受制于政治的干扰和媒体的谩骂。可国王却并不甘心，并因此发了一连串慷慨激昂的电报。"如果这就是亲爱的人民的希望和意愿，"其中一封写道，"我将乐意放弃王位和空洞的辉煌，去到他的身边，永不分离……与他结伴而行，超越这尘世，这是唯一能让我免于绝望和死亡的方式。"[8]对此瓦格纳明智地选择了拒绝。同年，巴伐利亚和奥地利联合起来对普鲁士发动了一场悲惨的战争，就连瓦格纳也知道国王另有要事需要处理，但他仍未停止对路德维希进行情感勒索，并借机发表了一封荒谬的声明信，否认了自己与柯西玛有染，而这一切仍未能阻止国王在战争爆发之际逃离政府。

1870年，普鲁士再次发动战争，这次是对法国，并再次打了胜仗。胜利前夕，普鲁士首相俾斯麦燃起了统一德国的雄心壮志。随着巴伐利亚并入德意志，路德维希成了普鲁士的傀儡。他不愿臣服于他憎恨的表舅德皇威廉二世（Kaiser Wilhelm II），于是退出公职，转而栖身于想象的世界。他常常在私人住所里举办戏剧和歌剧表演，还抱怨说："在剧院里我已无法浸入幻想的乐趣了，因为周围的人一直盯着我，用望远镜追随着我的一举一动。我想看戏，不想成为众人眼中的奇观。"[9] 对于这个孤立无援的君主来说，剧院不再是封建社会的缩影。相反，看戏成了逃避严酷政治现实的方式，幻想从舞台前方涌出，吞没了他的整个人生，让他无法自拔。从这个意义上说，路德维希不是封建的遗老，而是20世纪的先驱。

瓦格纳的作品向来符合路德维希将艺术与生活相结合的理想。而今，即便瓦格纳已不在身边，他的作品依然启发路德维希兴建了一系列庸俗的建筑——国王根据瓦格纳的戏剧，设计了另一片天地。路德维希委托曾为瓦格纳绘制舞台背景的风景画家克里斯蒂安·詹克（Christian Jank）为他勾勒出梦幻的新天鹅堡（Neuschwanstein）。这座带有尖细角塔的建筑挺立在阿尔卑斯山脉的一个山顶上，里面有很多壁画，描绘着曾带给瓦格纳灵感的神话场景，城堡则是仿照瓦格纳歌剧《罗英格林》（*Lohengrin*）中圣杯骑士的住所建造的。路德维希还建造了另外两座宫殿：林德霍夫宫（Linderhof）和赫伦基姆塞宫（Herrenchiemsee），而他在这两个宫殿都没住多久。与中世纪风格的新天鹅堡不同，这两座宫殿均复制了凡尔赛宫的元素，以向"太阳王"路易十四致敬——路德维希自称"月亮王"，即自己心目中的英雄的夜间版。在林德霍夫宫中，不乏灵感来自瓦格纳歌剧的怪异设计，其中维纳斯洞窟（Grotto of Venus）运用当时最前沿的科技，打造出《唐怀瑟》（*Tannhäuser*）第一幕的场景：混凝土钟乳石被电光照亮，颜色在红、蓝、绿之间自动切换，人造瀑布顺着墙壁流入人造湖。据说路德维希有时还会装扮成天鹅骑士罗英格林的样子，坐在一条贝壳形的小船上从这里划过。

路德维希将生活转变为戏剧的代价不低。到了1885年，他的个人负债已达1400万马克，每当政府官员建议他控制开支，他就解雇他们。因此，在1886年，他的内阁合谋让一个由四名医生组成的委员会诊断他为精神失常，而这几位医生并没有真正为国王做过检查。国王是否真的疯了，很难说；他在统治初期，至多不过是特立独行，绝不是一个无能的君主。然而，挫折和孤独的情绪让他变得内向，到了19世纪80年代，他的行为开始变得异常：昼伏夜出，不问国政；毁了与一位女公爵的婚约，并与年轻侍从和演员传出丑闻，还和玛丽·安托瓦内特皇后等看不见的人对话。在被罢黜的第二天，路德维希就和一名签署了他精神错乱诊断书的医生在斯塔恩伯格湖（Lake Starnberg）里离奇溺亡了。

◇

16年前，普鲁士准备攻打法国时，瓦格纳正忙着为兴建节日剧院而进行无休无止的斗争。那一年，他和柯西玛认为，拥有德国最大舞台的拜罗伊特侯爵歌剧院（Markgräfliches Opernhaus）或许能成为上演《尼伯龙根的指环》的场所。而造访了这座小镇后，他觉得这家歌剧院太小、不够灵活，无法达到他的目的。尽管如此，瓦格纳仍认为拜罗伊特是打造他心目中的剧院的完美选址，因为这里离慕尼黑的敌人足够远，但仍在巴伐利亚，是他的朋友和赞助者的地盘。同时，拜罗伊特位于德国的中央，正好能实现瓦格纳为新国家建设国家剧院的梦想。意识到瓦格纳最终放弃了慕尼黑时，国王悲伤至极。

地点确定后，瓦格纳就开始寻找金主，并在德国各地成立"瓦格纳协会"，由一群热心的追随者协助募集资金。虽然瓦格纳已声名在外，但拉赞助的过程仍充满艰辛，最后勉强凑够钱，聘请卡尔·勃兰特（Karl Brandt）和奥托·布吕克瓦尔德（Otto Brückwald）担纲建筑师。他们设计出的建筑物与森佩尔先前设计的慕尼黑剧院十分相似。路德维希把森佩尔的图纸给了瓦格纳，还捐了一大笔钱，而作曲家最终也羞怯地向这位建筑师承认："虽然笨拙、缺乏艺术感，但这座剧院是按照你的设计建造出来的。"[10]剧院终于在1872年奠基，几经周折后，在1876年的首届音乐节上，上演了由四部歌剧组成的全本《尼伯龙根的指环》（配乐的创作耗时26年，于1874年完成）。

前往第一届瓦格纳音乐节朝圣的人，包括德皇威廉二世、墨西哥皇帝、格里格（Edvard Grieg）、布鲁克纳（Anton Bruckner）、圣桑（Charles Camille Saint-Saëns）、柴可夫斯基（Pyotr Ilyich Tchaikovsky）、李斯特（Franz Liszt）和扮成平民的路德维希二世。他们来到火车站，沿着游行大道，前往坐落在山丘上的剧院。在那里，他们看到了一座与当时所有的宏伟剧院都不一样的建筑。首先，它地处荒郊野外的中央，许多访客抱怨镇上缺乏舒适的设施。这里不如巴黎歌剧院或山下的侯爵歌剧院华丽耀眼，也不像森佩尔的德累斯顿歌剧院那般庄严肃穆，尽管以凯旋门作为入口主题，的确借鉴了森佩尔的设计。这座建筑是用木头和砖块等廉价材料建造的，内部更令人大跌眼镜。观众席完全实现了瓦格纳的改革思想：裸露而简单（没有天鹅绒帷幕，也没有金色的小天使），排在两侧的依次向前凸出的列柱，将观众的视线引向舞台，而舞台则由双重镜框架构而成。舞台下方有下陷的乐池，观众席由1650个毫无差异的座位组成，和希腊的圆形剧场如出一辙。座席上没有软垫，坐在上面看完五小时的歌剧，无疑相当难熬。

观众的行为同样古怪。曾在1891年来这里参加过音乐节的马克·吐温写道，在拜罗伊特，"你就好像和死者同坐在幽暗的坟墓里"。

在瓦格纳音乐节上，观众穿着随意，坐在黑暗中默默地崇拜着。而在纽约大都会歌剧院，观众则穿着最花哨的行头，光鲜亮丽地坐在那里，哼着歌，嗤嗤地笑着，大声喝彩，七嘴八舌不断。一些包厢里说话声和笑声非常大，都能抢了舞台的风头。[11]

在拜罗伊特剧院，上述行为是被禁止的，观众只能静静地欣赏。然而，并非人人满意。第一届音乐节后，瓦格纳患上了紧张性忧郁症。尽管观众反响热烈，但到头来仍是一场财务浩劫，让瓦格纳背上了15万泰勒（thaler）的债。五个月后，他依然郁郁寡欢，彼时已成为他妻子的柯西玛在日记中写道："理查德说，这是多么悲伤，此刻他已经不想听到关于《尼伯龙根的指环》的任何消息，只盼着剧院被烧毁。"[12]在瓦格纳的有生之年，拜罗伊特仅再举办过一场演出。

瓦格纳并不是唯一一个对首演失望的人，他的密友尼采也崩溃了。起初，尼采认同瓦格纳以艺术整合社会的理想，并为之撰文做激昂的辩护。然而几年来，尼采的健康状况每况愈下，在音乐节尚未结束之时，他便因为神经紧张而离开拜罗伊特。尼采回忆道："我错就错在怀着理想去了拜罗伊特，所以我注定会失望。太多的丑陋、畸形和过度雕琢让我厌恶至极。"[13]经历了普法战争后，尼采对瓦格纳的民族主义和反犹太观越来越反感，认为它们讽刺地集合了新德国的平庸和沙文主义之大成。这些思想贫乏的资产阶级观众永远无法践行尼采借由超越性的美学体验使社会融合的理想。拜罗伊特之行后，尼采放逐自己到四季如春的温泉小镇和偏远的滑雪胜地，转而喜欢上了比才（Georges Bizet），并写下更多文章，恶毒地谴责自己的前友人。尼采在发疯前不久出版的一本书中问道："瓦格纳是人吗？他不是一种疾病吗？他碰到的一切都被传染了，他也让音乐得病了。"[14]

尼采的反应具有一贯的先见之明。在纳粹崛起、希特勒支持拜罗伊特音乐节之际，许多人认为瓦格纳的音乐是有毒的，危险而诱人。对瓦格纳批评得最为猛烈的人，是德国哲学家西奥多·阿多诺。阿多诺是犹太人，也是马克思主义者，在第二次世界大战期间，流亡到加州，并在洛杉矶与布莱希特、勋伯格和托马斯·曼为邻。这群特立独行之徒被资本主义东道主和阿多诺所逃避的法西斯派孤立，阿多诺则撰写大量文章攻击祖国的高雅艺术（high art），尤其指出瓦格纳的音乐带有鼓励极权的色彩，还批评了美国"文化工业"（culture industry）批量生产的艺术。

阿多诺认为瓦格纳的总体艺术是好莱坞电影的先驱，并认为这与用来迎合纳粹政权的奇观有诸多相似之处。瓦格纳狂妄自大、性格强势，他率先坚持让剧院保持黑暗，以让观众集中注意力观看舞台上的幻象，并把乐团隐藏在凹陷的乐池里，以便不让观众分心，还力图整合所有艺术形式，进而营造感官刺激——阿多诺认为这些手法在电影中得到了呼应和强化。阿多诺说："主导瓦格纳作品的定律是以外在形式当作障眼法。"说白了，就是让作品"表现得像自己生产出来的"。[15]在阿多诺看来，这种看待戏剧和电影的方式是有问题的，因为它呼应着某种看待世界的方式。在资本主义社会，从歌剧、汽车到电影，人们很容易忘记它们并非自然而然产生的，而是由有权力和需求（及目的）的人造出来的。就像瓦格纳在歌剧中将音乐与诗歌相结合，资本主义社会的裂痕被整体性的、压倒性的幻象所抚平。不过，阿多诺亦发现了瓦格纳作品中的正面因素：其实这些碎片彼此不搭，因而永远无法组合在一起。若能意识到总体艺术的这项缺失，我们便能察觉资本主义社会的失败之处："解体成碎片能让我们看到整体的片断性。"[16]——或正如莱昂纳德·科恩（Leonard Cohen）唱的那样："万物皆有裂痕，那是光照进来的地方。"

虽然阿多诺出身德国上层资产阶级，十分抗拒流行文化的魅力，却抵挡不住马克斯兄弟①电影的诱惑。他在《启蒙辩证法》（*The Dialectic of Enlightenment*）中指出资本主义式理性的害处时，便提到了马克斯兄弟中的一员格劳乔（Groucho）。尽管阿多诺瞧不上新媒体且接受过古典教育，却十分享受马克斯兄弟1935年的电影《歌剧院之夜》（*A Night at the Opera*）的高潮中，威尔第《游吟诗人》（*Il Trovatore*）受到狂欢式破坏的一幕。对高雅文化的颠覆始于格劳乔扮演歌剧院专横的经理，以及哈勃（Harpo）以《带我去看棒球赛》（*Take Me Out to the Ball Game*）代替歌剧配乐，二者分别表现出歌剧固有的独裁本质，以及当下高雅文化和流行文化的可互换性。一旦把戏被发现，就好像地狱之门被打开了。影片中，格劳乔为了免遭逮捕，从剧院经理的包厢里跳了出来，哈勃和奇科（Chico）穿上了吉卜

---

① 马克斯兄弟（Marx Brothers），20世纪美国舞台及电影业喜剧演员家族，由五位成员组成。

赛戏服，一同搅乱演出。男高音演唱咏叹调时，警察介入了，哈勃在后台的绳索上爬行，将背景从田园风光换成电车站、小贩手推车、枪支瞄准了观众的战舰。最后，哈勃在舞台背景前来回奔跑，把画面撕成碎片，熄灭了灯，终止了演出。

从阿多诺的观点来看，这种媒介逐渐分崩离析的状况，似乎代表着对歌剧虚假完整性的批判。虽然电影本身也是在幻象的传统中前进，且确实到达了新的层次，但电影中还有一些元素（比如哈勃），有潜力粉碎这幻象。这些元素多来自流行娱乐的传统，即电影的发源处，同时也是电影试图以虚假的整体性加以掩盖的；但有些元素实在太混乱，以至于无法融入传统叙事结构。电影工作室坚持让《歌剧院之夜》变成愚蠢的爱情故事，让真爱战胜一切、坏人得到报应，马克斯兄弟不再被允许像以前一样到处恶搞。然而，这个杂糅的拼贴之作在缝隙处裂开，回想起来，所有无病呻吟、矫揉造作都在记忆中褪色，唯有在舞台背景前来回奔跑的哈勃永驻人心。

电影诞生伊始，是个衣衫褴褛的流浪儿。不同于栖身在大理石坚固建筑中的歌剧，电影属于流行娱乐界的游牧民族，最初只是在马戏团昏暗的"黑顶"帐篷里上演的附属性娱乐，或是在改造后的商店门口放映。后来，随着电影吸金潜力的日益

显现，永久性的电影院才在歌舞杂耍剧场（vaudeville theatre）
的基础上应运而生——这种建筑就是马克斯兄弟发迹之处。歌
舞杂耍剧场建筑把诸如加尼叶歌剧院一类资产阶级娱乐场所的
装饰混杂在一起，并利用电灯和工业赤陶等新技术，打造出临
街的壮观立面和跑马灯。这种传统在伦敦和纽约被沿用至今。
在一些地区，最显眼的就是娱乐建筑，例如，伦敦托特纳姆法
院路（Tottenham Court Road）长期以来就遭受着多米尼剧院
（Dominion Theatre）门口怪异的佛莱迪·摩克瑞①巨像的威胁。

接下来，电影院开始以混乱的历史形式东拼西凑地包装自
己。这种趋势的巅峰之作是美国20世纪20年代"电影宫"，其
中格劳曼建在好莱坞大道上的中国剧院（Chinese Theatre）可
谓代表作。剧院前方的广场上布满明星的手印，还有华丽庸俗
的东方装饰，像个聚众吸食鸦片的窝点。德国也同样流行为电
影院披上戏剧性的外衣，只是未必人人都买账。有着建筑师
背景的知名记者、阿多诺童年时代的朋友齐格弗里德·克拉考
尔（Siegfried Kracauer）经常撰写探讨流行娱乐的文章，他认
为流行娱乐转移了新城市阶级对德国动荡政治局势的关注，使
他们陷入虚假的安全感。在1926年的一篇题为《分心的崇拜》

---

① 佛莱迪·摩克瑞（Freddie Mercury，1946—1991），皇后乐队（Queen）主唱。

（"Cult of Distraction"）的文章中，克拉考尔批评了电影院伪装出来的剧院式的虚假整体性，即瓦格纳所谓的"总体艺术"状态。他希望电影院能够暴露其中的裂缝。他的预言中流露着不祥："在柏林的街上，鲜有人能想到眼前的景象均是暂时的，终有一天会突然崩坏。大众蜂拥而至的娱乐场所的命运亦是如此。"[17]

克拉考尔并非唯一批评华丽的剧场式电影院的人，像埃瑞许·孟德尔松这样的建筑师也曾设法为电影这种新媒体寻找更为贴切的建筑语汇。孟德尔松起初是表现主义者，喜欢流畅的有机曲线，而非高度现代主义的严肃直角。他于1917年在波茨坦建造的天文台"爱因斯坦塔"（Einstein Tower），便全然展现了他的早期倾向：这是一座球茎状的奇特建筑，散发着宇宙搏动的生命力。孟德尔松并不排斥设计商业建筑（他曾设计过写字楼和百货商场），并能以相对较低的预算打造出超出预期的效果，业主对此很是欣赏。例如，他用大片玻璃打造的立面，便在夜晚的灯光下成为绝佳的广告媒介，向路人展示着商店里诱人的商品，相当于把店面延伸到了大街上。

顺着相同的思路，出自孟德尔松之手的电影院，例如他于1926年设计的柏林宇宙电影院（Universum），就摒弃了早期电影宫的做法，转而以曲线和光线打造出具有广告色彩的建筑外观，并依照森佩尔早期歌剧院的做法，以曲线勾勒宽阔的观众席。电影院的内部设计很有节制，以便突出银幕上的影像。毕竟电影院和瓦格纳的拜罗伊特剧院一样，节目一开始即漆黑一片，因此何必浪费钱来打造镀金的女像柱呢？孟德尔松表示，他将"不会为巴斯特·基顿①打造洛可可宫殿，也不会为《战舰波将金号》（*Potemkin*）制作结婚蛋糕似的灰泥装饰"。他引入了流线型外观，也就是日后所谓的"装饰艺术"（art deco）。[18]后来，宇宙电影院的杂交后裔在世界范围内广泛流行。在许多乡镇，一座装饰艺术电影院是最重要的，甚至是唯一的现代主义建筑的代表。英国最早的现代主义建筑之一——位于贝克斯希尔海滨（Bexhill-on-Sea）的德拉瓦尔亭（De La Warr Pavilion）——亦出自孟德尔松之手，这也是一处大众休闲场所。

　　世界上最大的装饰艺术影院，应数纽约洛克菲勒中心的无线电城音乐厅（Radio City Music Hall）。这座建筑续写了《歌剧之夜》最后一幕的际遇，标志着歌剧和歌舞杂耍同时被电影所取代。大都会歌剧院（Metropolitan Opera）协会在市中心建歌剧院的计划，启发了小约翰·洛克菲勒在他庞大的城中城里建造电影院的想法。协会原本想在各条大道的交汇处建一座独

① 巴斯特·基顿（Buster Keaton，1895—1966），美国著名导演、演员。

立的、宏伟的老式建筑，但迫于资金压力，无法实现这一雄心壮志。此时，看好这项计划的洛克菲勒出场了。然而，1929年经济大萧条后，大都会被迫退出，该项目由更会赚钱的娱乐联盟接手，该联盟的领军人是杂耍表演家塞缪尔·"洛克西"·洛瑟菲尔[1]。建成后的音乐厅观众席可容纳多达6000名观众，美国设计师唐纳德·德斯基（Donald Deskey）为室内打造了漂亮的装饰艺术风格，舞台周围还环绕着一道道巨大的太阳光芒装饰。

无线电城音乐厅1932年开业时，原本是想作为上流社会人士看戏的场所，却事与愿违，因为音乐厅和舞台实在太大，表演者几乎消失在苍茫的空间中，观众看不到他们的表情、听不见他们的声音，所以这里的主业才逐渐改为放映电影。与勒杜在剧院版画上构想的带有启蒙意味的规范之光不同，这个舞台周围的光芒代表着放映机的光束从银幕跃入大众的眼睛。

与之相伴随的，无疑是一种新的视觉体制。这对观众意味着什么呢？电影真的如科拉考尔所言，是让大众分散注意力的武器？抑或它也有能力打开我们的眼界？为了回答这个问题，我们不妨看看德国表现主义者汉斯·波尔兹格（Hans Poelzig）

---

① 塞缪尔·"洛克西"·洛瑟菲尔（Samuel "Roxy" Rothafel, 1882—1936），原名家塞缪尔·莱昂内尔·洛瑟菲尔（Samuel Lionel Rothafel），以其经营的洛克西剧院（Roxy Theatre）闻名，其别名"洛克西"即始于此。

的作品。波尔兹格和孟德尔松一样，在设计剧院和电影院方面很早就取得了成功。1919年，他把一个马戏馆改造成了3500座的剧院，供知名剧院经理人、后来成为好莱坞导演的马克斯·莱因哈特（Max Reinhardt）使用。莱因哈特壮观的作品延续了瓦格纳整合不同艺术形式的做法，运用各种科技手段，构成无与伦比的总体艺术。莱因哈特和波尔兹格位于柏林的大剧院（Grosses Schauspielhaus）是一个别开生面的人造洞窟，垂着富有艺术感的钟乳石，闪耀着五彩缤纷的灯光，就像巴伐利亚国王路德维希二世的维纳斯洞穴，但这是供都市大众娱乐和逃避现实的场所。波尔兹格后来的电影院就像孟德尔松的一样，模样简洁：他的巴比伦剧院（Kino Babylon）去掉了装饰，符合瓦格纳让观众集中注意力观看舞台上的表演的策略。但是，观众沉浸在理想洞窟后方的光影之中，并不代表那光影没有诉说关于投射者的事。波尔兹格在早期表现主义阶段，曾为1920年的恐怖片《泥人哥连》（*The Golem*）设计布景。这部电影的导演兼演员汉斯·韦格纳（Hans Wegener）原是莱因哈特的戏班成员。影片重新诉说了一则古老的犹太传说：在中世纪的布拉格，有个犹太拉比用黏土制造了一个怪物似的奴隶，而后陷入奴隶失控的危险中。其中一幕重要场景是对建筑和电影的有趣寓言，证明了并非所有电影，尤其是通俗电影，都是在盲目地遵循现状。在这个场景中，皇帝召见拉比，要他提供表演，于是他用魔法银幕呈现想象，以剧中剧的形式展现了犹太人的历史。当庸俗的朝臣嘲笑流浪的犹太人的悲惨境遇时，宫殿开始坍塌，幸亏有泥人哥连及时相救，皇帝才幸免于难。出于感激，原本要把犹太人驱逐出城市的皇帝准许他们留了下来。尽管片中流露的异国情调令人质疑，但我们或许可以把这解读为对观众的警告。

◇

建筑虽然在舞台和银幕上占有一席之地，但不过是供人观看而已。另有一种与之平行的传统：可在三维空间行走的娱乐场所。起初，这种场所是为贵族专享的，比如玛丽·安托瓦内特在凡尔赛宫的假村庄，或路德维希二世的石窟。但是到了 20 世纪初，普通人也获准进入属于自己的幻想世界——主题乐园。主题乐园的先驱以游乐庭园的形式出现，例如伦敦的沃克斯豪尔公园（Vauxhall Gardens）和 19 世纪后半叶的世界博览会。到了大众休闲与电气化时代，主题乐园规模扩大且更为普遍，也愈发能提供身临其境的体验。最早、最知名的主题乐园位于康尼岛（Coney Island）——库哈斯称之为 "曼哈顿雏形"，这里 "检验了日后塑造曼哈顿的策略与机制"。[19]

1883 年，随着布鲁克林大桥（Brooklyn Bridge）的修建，康尼岛的开发案全面展开。岛上第一个完善的综合娱乐设施是越野赛马场，场内配备有电动马匹和精心打造的景观赛道。这项设施广受欢迎，它让普罗大众体验到了赛马的乐趣，而无须花费大笔钱财、接受马术训练。此外，另外两项开发案进一步完善了这座游乐园。1903 年开幕的月神乐园（Luna Park）使用由建筑学院辍学生设计的厚纸板天际线，为这座想象之城平添了上千个教堂尖塔和圆顶，夜晚还有漂亮的灯光相映衬。电力设施点亮了海滩，也为其日后的堕落糜烂埋下了伏笔。最后则是梦境乐园（Dreamworld），该项目由日后开发了克莱斯勒大厦的共和党参议员提出，其中包括侏儒居住的迷你城市（尺寸缩小了一半，连国会也一应俱全）。这座城市里居住着疯狂的居民，每小时都会失火，山坡上还有一处维苏威火山（Vesuvius）的模拟景观。火山定期喷发，将玩具城夷为平地。第一次世界大战烧毁了月神乐园和梦境乐园，昔日不断上演的机械式灾难随之终结。1938 年，纽约规划师罗伯特·摩西（Robert Moses）无情地清扫了众多庸俗娱乐的遗迹，以更有品位却更乏味的景观公园取而代之。

彼时，开发后的康尼岛成为没钱出国旅游的人逃离曼哈顿的去处，但正如库哈斯所言，这个由假广场、主题餐厅、购物中心和炫目的尖塔构成的奇异赘疣，逐渐被城市本身所吸收。

后来，度假村也回归了城市，例如柏林奇特的"祖国之家"（Haus Vaterland）。"祖国之家"原本是波茨坦广场（Potsdamer Platz）上的咖啡馆，于1928年由建筑师、曾为弗里茨·朗[①]的"马布斯博士"（Mabuse）系列电影制作表现主义布景的卡尔·施达·乌拉赫（Carl Stahl-Urach）改造。改造后"祖国之家"设有电影院、舞厅和各式主题餐厅，以及"黑鬼与牛仔爵士乐队"驻唱的"狂野西部"酒吧，游客还可以到维也纳酒馆品尝萨赫蛋糕（Sachertorte，"祖国之家"的经营者获得了正宗食谱的独家授权），欣赏圣史蒂芬教堂（Stephanuskirche）尖塔在星空下的全景。此外，还有以祖格峰（Zugspitze）为背景的巴伐利亚小酒馆、日本茶馆、有吉卜赛小提琴手的匈牙利酒馆。"祖国之家"最具瓦格纳风格的空间莫过于"莱茵河露台"，这里的立体模型让人感觉自己好像俯视着罗蕾莱岩石（Lorelei Rock）。在用餐过程中，会有20名莱茵河少女翩翩起舞，每小时降临一场人工暴风雨，场景随之漆黑一片。用克拉考尔的话说，"'祖国之家'涵盖了全世界"，虽然"这个世界的每一个角落都好像用吸尘器清除了日常生活的灰尘"。[20]这里是"享乐营"，是"无家可归者的庇护所"，让底层上班族忘却工作

---

① 弗里茨·朗（Fritz Lang, 1890—1976），著名导演，生于维也纳。

的乏味，暂时以为自己是资产阶级。

与之类似的是日后的游乐园，例如1955年成立的迪士尼乐园（Disneyland），虽然华特·迪士尼（Walt Disney）想要打造的是干净的、无性别歧视的乐园，而非康尼岛那种"肮脏的、骗人的"露天游乐场。[21]迪士尼乐园表面上是为儿童打造的，实际上却让成年游客返璞归真，为可怕的冷战世界披上糖衣。无怪乎迪士尼乐园的主要建筑特色和该公司的标志，就是来自路德维希的新天鹅堡——那也是一个逃避现实的地方，它的大门现在已向公众敞开。

随着《毁灭公爵3D》之类的电脑游戏的出现，这种幻想王国已与居家空间融合，并在这个过程中被私人化。但是与包围在费拉拉公爵豪邸里的剧院不同的是，在这私人化的过程中，掌控内容的不是消费者，而是娱乐产业。不仅如此，这私人化过程还除去了娱乐活动的社会元素。现在，像谷歌眼镜（Google Glass）这类自闭式穿戴设备的发明，似要把街道的公共空间也卷入这种去社会化的过程，进而矮化、货币化人与人之间的互动，或许就连我们的现实感也在劫难逃。

第七章

高地公园汽车工厂,
底特律
（1909—1910年）

建筑与工作

　　我看到一座庞大的低矮建筑，在它无边无
际的窗户后面，人们就像被困住的苍蝇一样，
似动非动，就好像在做无谓的挣扎。那是福特
吗？然后，从四面八方传来了阵阵沉闷的机器
轰鸣声，这声音传遍四面八方，直冲天际。机
器固执地运转着，时而轰轰作响，时而低声呻
吟，似乎就要静止了，却未曾中断。

　　　　　　——路易-费迪南·塞利纳（Louis–
Ferdinand Céline），《长夜行》（*Journey to the End of the
Night*）[1]

底特律城曾是工业现代化的中心，孕育了流水线、摩城唱片（Motown）、铁克诺音乐（techno music，又称高科技舞曲），还有最梦幻的美国货——汽车。而今，这里已经风光不再，剩下的多是废弃建筑和空地。市中心街区不见踪影，恍若冷战时期美国真的遭到了苏联的袭击，取而代之的是都市农场，眼前的景象让人担忧起西方社会的未来。人们会在后工业时代成为农民，继而返回这片土地，沿着过去的带状商业区种地吗？20世纪50年代是底特律的巅峰时期，此间，底特律成为美国第四大城市，人口多达200万，是国民平均收入中位数和住房自有率最高的城市。然后，资金遗弃了这座城市，转向了更容易剥削的劳动市场，生活在底特律的人口只剩下70万，人口的大幅下降为这里留下了140平方英里的广袤空地，中产阶级要么逃离了这座城市，要么陷入了贫困，他们的住房则遭到法拍。

位于底特律的工厂产出的汽车曾占全球汽车产量的80%，通用汽车（General Motors）、克莱斯勒和福特（Ford）的工厂均设在这里，而今许多昔日的工厂已是一片萧瑟景象，其中一处便是位于北部郊区高地公园（Highland Park）的废弃建筑。这座长形的四层楼建筑外观朴素，一排排满是灰尘的窗户有如茫然地盯着街道的眼睛。但是就在"一战"前夕，反犹太实业家亨利·福特（Henry Ford）和身为犹太拉比之子的建筑师阿尔伯特·卡恩（Albert Kahn）出人意料地走到了一起，进而携手改变了世界。他们的巨型工厂生产了最早面向大众市场的车型"T型车"（Model T），此外，福特不无骄傲地指出，这里也生产人。福特的目标是通过改变社会的工作方式来改变社会本身。我要追溯的，就是福特的思想所经历的奇特之路：从孕育这些思想的汽车工厂，到我们居住的房子，因为工作不单单是在工厂或办公室里进行，也发生在客厅和厨房。

亨利·福特在20世纪风生水起，也可以说，他创造了20世纪。许多人反感这个不知疲倦地进行自我宣传的人，但喜欢他的人更多。无可救药地热爱聚光灯的老罗斯福（Teddy Roosevelt）甚至抱怨福特的名声盖过了身为总统的他。福特的思想改变了美国乃至整个世界，他虽是改革家，但内心深处却非常保守；他性格古怪，集众多矛盾于一身。

福特出生于南北战争时期的美国农场。他对大都市一直心存疑虑，却创造出了城市般庞大的工厂；他热爱乡村，但汽车造成的郊区化（suburbanisation）却永远地改变了乡村的面貌；

他创造的汽车解放了美国人，他的工厂却奴役了美国人；他尊崇过往，却挖下了掩埋历史的坟墓；他横跨愚昧的乡村与工业世界，是个疯狂的巨人，渴望浮夸的灵丹妙药，又对大众具有敏锐的直觉。厄普顿·辛克莱①说，福特的主张总能"精明地击中美国大众的心。他很了解大众，因为他在40岁之前一直是美国大众中的一员"[2]。他要求员工必须私生活检点，自己却和一个比他年轻得多的女人有一段很长的婚外情；他疼爱孩子，却折磨病榻上的儿子。他是个疯狂的反犹太主义者，禁止在工厂里使用黄铜，因为那是"犹太人的金属"[3]（如果不得不使用黄铜，黄铜就会被涂成黑色，以免引起他的注意）。他找人代笔的胡言乱语，对纳粹主义产生了深远的影响，希特勒曾在1918年为他授勋。他的工厂雇用的美国黑人比其他企业多，协助创造了庞大的黑人中产阶级队伍。他热爱传统的美国建筑，不仅出资买房，还把它们大批地运送到自己的历史主题公园，但是他的工厂却无情地与建筑的过往一刀两断。

不同于第四章中描述的那些奇妙的工厂建筑，例如借由宗教建筑风格凸显自身地位的"烟草清真寺"或德国通用电气的"涡轮工厂神殿"，卡恩在高地公园为福特设计的现代工厂采用

---

① 厄普顿·辛克莱（Upton Sinclair，1878—1968），美国左翼作家、社会改革家。

的是极简风格。庞大的工作棚使用的玻璃显然比结构多，应了
当时的"日照工厂"（daylight factory）潮流。这种新式工作空
间取代了18世纪、19世纪阴暗的、糟糕的工厂，采用新发明的
钢筋混凝土（卡恩兄弟还为这个成功的系统注册了专利），在墙
上开出了大面积的窗户，不像早期的砖造建筑只能支撑少量的
小窗户，否则就会坍塌。现在，日光可以照进室内的深处，钢
筋混凝土又能撑得起很大的跨度，因此工厂建筑不断加长，生
产规模之大也达到了前所未有的程度。

　　是混凝土结构成就了这一切，这一点可以从工厂立面的网
格看出。工厂立面未经灰泥、油漆或其他装饰粉饰，这并不是
因为卡恩不会做复古的、浮夸的设计，相反，他设计的住宅和
公共建筑一度是过时的历史元素大杂烩，而高地公园工厂临街
的立面亦做了些许装饰，因为卡恩认为赤裸裸的建筑无法迎合
大众的审美。同时，他也考虑到了业主的公共形象，他设计的
巨大的、毫无感情色彩的工厂，便象征了福特的神秘感，有如
一块白板，供福特刻画个人崇拜。卡恩这种朴实无华的手法，
不过是建筑合理化的最新案例：所有外部装饰都被省去了，以
适应福特式生产方式的需要。

　　福特主义（Fordism，德语为"Fordismus"，俄语为"Fordizatsia"）
是一种真正的全球化现象，法西斯主义者、共产主义者和资本

家，无不被它所吸引。今天，人们对它的思维方式已经习以为常，但在当时，这却是一场真正的变革，源自福特决心降低成本、提高工资，进而创造出真正的大众市场和能够渗透其中的产品的想法。福特认为，如果在超高效率的生产和贪婪的大众消费之间找到平衡，就能解决生产过剩这一长期困扰着现代资本主义的问题（虽然他不会说得这么抽象）。若生产者一味提高产量、降低成本（包括工资），最终可能会造成失去销售对象的局面——工资如此低，谁能买得起消费品？

福特的解决方案是制造大众化的汽车。这个想法在当时很新颖，且颇受争议。投资人希望他去制造昂贵的豪华车型，认为汽车不可能拥有大众市场。福特几度被金主抛弃，直到第三次创业才成功。当时，福特的同时代人尚热衷于在维多利亚时代的礼教枷锁下挣扎，对消费主义并不感兴趣。当家长和传教士还在对年轻人唠叨节俭的美德时，福特已经开始在报纸上宣称："成功人士从不省钱。他们会把钱尽快花掉，用来提升自己。"[4]这种态度引起了轩然大波，但也让福特成为全球首富。

为了让汽车便宜到人人买得起，福特在1908—1927年间只推出了一种极端标准化的产品"T型车"。关于车的颜色，他有句名言："什么颜色的都有，只要是黑色的。"辛克莱写过一本立场鲜明的、关于福特的中篇小说《廉价小汽车之王》（*The*

Flivver King），当时，"廉价小汽车"（flivver）正是T型车的众多绰号之一。他和很多人一样，鄙视这款车的外观：

> 他决定要一件足够丑的小东西；顶棚打开时，它像个带轮子的小黑盒，不过里面有位子可以坐，还有挡雨的盖子，引擎可以不停地运转，轮子可以不停地转动。亨利觉得美国大众和他本人一样，不在意外观，只关心性能。[5]

后来的情况，则证明福特是错的；但无论如何，T型车是当时唯一一款大众真正买得起的汽车，累计销量一度达到1500万辆，直到后来竞争对手推出了更有吸引力的车型，T型车才被迫停产。T型车朴素的外观和制造它的工厂如出一辙，是生产流程合理化的直接结果。不同于其他汽车制造厂主要依赖外来的零件，T型车车身由福特工厂自产的平面钢板制成，容易生产且便于快速组装，因此，尽管成果像个方盒，但非常便宜。

福特，或者更确切地说，是福特的工程师们，永远在思考如何改进生产流程，提高速度、降低成本，最大限度地提高产量。起初，高地公园的工厂是栋多层建筑，较小的部件在上面几层组装，然后顺着洞口、电梯和滑槽到达二楼，在那里，一群群工人在固定的工作站组装车身。最后，组装好的车身被运送到一楼，安装到底盘上。由于产品及零件多半一成不变，所以工厂就可以用高度精确、专业化的机器取代用途泛泛的车床、锯子和电钻；这些新机器也取代了有技能的工匠，这样一来，仅仅雇用更廉价的、无专长的工人就够了。机械化和重力式工作流程（gravitational workflow）极大地加速了生产，然而，最大的飞跃还在后面。

1913年，福特和工程师们想到了汽车流水线这个概念。福特回忆时称，他是受到了芝加哥屠宰场把牲畜挂在钩子上、传送到一个个屠夫面前的启发。但是，与其说这是灵机一动，不如说这是一个个小创新的叠加，每个创新都有助于提速。起初，他们颠覆了重力式工作流程，把一种叫作"飞轮磁电机"（flywheel magneto）的引擎元件放到传送带上，这样一来，工人不用动了，传送带会把零件送到工人面前，生产过程中也就不会出现任何停顿。于是，生产磁电机的时间从以前的20分钟减少到5分钟。这项创新很快被应用到了整个生产流程中，到了1914年，连底盘也被拉上了链式输送机。

以前，生产一整辆车需要12小时38分钟，使用流水线后，时间缩短到了1小时33分钟，这让每辆车的价格破天荒地降到了500美元，也彻底改变了人们工作的方式。为了让如此便宜的车有利可图，高地公园的1.5万名工人每天必须生产1400辆车，后来这里的产量占到了世界汽车总产量的50%。流水线上的每个工人负责的部件越来越小，直到他达到极致的专业化，沦为巨型机器上的一个小齿轮，没完没了地重复有限的相同动作。福特则为这明显缺乏人性的生产流程轻描淡写地辩护道："很抱歉，多数工人想要的是一份无须付出太多体力的工作，但最重要的是，他们想要一份不用动脑子的工作。"然而，福特却说一套做一套。他曾在另一个场合承认："以同样的方式重复做一件事，对一些人来说是很可怕的，对我来说就是这样。"[6]

这些"可怕的"创新是20世纪初发展起来的新工作方式。率先倡导这些创新的包括福特、弗雷德里克·温斯洛·泰勒[Frederick Winslow Taylor，他曾系统分析并重组劳动过程，形成了"泰勒主义"（Taylorism）]，以及"动作研究"创始人弗兰克和莉莲·吉尔布雷斯夫妇（Frank and Lillian Gilbreth）。福特声称他从未读过泰勒的著作。虽然他们创造的工作方式存在差异，但都认为切割工作流程可以优化生产。自18世纪以来，"分工"一直是工业革命的主要特色，而将这一特色发展到极致的，是后来广为人知的"科学管理"。通过将肢体动作分解到最小的构成单元，便能把所有"无用""无生产力"的动作移除，进而加速生产，实现利润最大化。早期的制造业是把生产过程拆分成几个阶段，分给不同工人，而科学管理则是拆分工人本身：个人不再是一个整体，而是一连串动作的集合，这些动作可以被进一步拆分并组合起来，像机器的零件一样。新式工厂流水线建筑有如科学怪人弗兰肯斯坦①的实验室，每个人在里面被摧毁，然后被重组，就像被通了电、抽动着的青蛙，待在不断加速的传送带旁。法国小说家路易-费迪南·塞利纳曾在20世纪20年代造访底特律，并描述了这家工厂带给他的感官冲击——这种冲击让人改头换面，但并非福特设想的那种家长改造小孩式的改变：

　　这座巨大建筑里的一切都在震动，人也一样，从脚跟到耳畔，被从窗户玻璃、地板和机器传来的震动紧紧抓住。你无法抗拒，只好让自己也变成一台机器，身上的每一磅肉都随四周的怒吼而震动。那声音充斥在你的大脑中，然后向下蔓延，在体内搅动，最后再无休无止地轻轻震动你的双眼……一到6点，一切戛然而止，那噪声却久久散不去，伴我度过了整个夜晚——那噪声和油味，就好像给我换了新鼻子和新脑袋。我好像在一步步地被征服，变成了另一个人——一个新的费迪南。[7]

---

① "弗兰肯斯坦"（Frankenstein）为英国作家玛丽·雪莱（Mary Shelley）于1818年创作的长篇小说《弗兰肯斯坦》的主人公。小说中的弗兰肯斯坦是个热衷于探求生命起源的生物学家，他怀着犯罪心理频繁出没于藏尸间，尝试用不同尸体的各个部分拼凑成一个巨大的人体。

除了分割劳动和劳动力，流水线的出现也为可怕的"提速"铺了路。福特和他手下的经理们很快意识到，只需要把传送带稍微调快一点，就能提高利润，而这里面也蕴含着恶果：那些速度跟不上的工人就要被解雇。工头们总是拿着秒表，记录完成一个动作的最短时间，无论是拧螺母、焊接钢板，还是装配整辆车，并不断压缩时长，迫使每个工人的速度都和巅峰状态下最快的员工一样。在卡恩和福特的重新构思下，工厂已经变成了一台从工人身上压榨最大利润的机器。

福特的工厂有助于满足他对合理化的狂热追求。厂房建筑必须尽可能地便宜，就连热衷于工业建筑的历史学家雷纳·班纳姆也说，卡恩早期设计的工厂"显得吝啬小气"，却为福特式生产方式提供了最佳环境。这意味着工厂要有不受柱子和墙壁阻隔的开阔空间，容得下庞大的机器和众多的工人（并让工人的每个动作都能被紧密监视），还要有大片的窗户，以便透进充足的日光，而最重要的或许是，可以进行永无止境的重新排列。亨利·福特与历史上的众多统治者一样，认为革命是个不断延续的过程。他的工程师不停地革新流水线，这意味着建筑物也要灵活可变。

卡恩设计的高地公园工厂，内部是个开阔的开放空间，允许某种程度的改变，但还是在建成四年后落伍了，因为移动流水线的诞生需要新形态的工厂与之相配。新建筑无须多层，采用移动流水线后，也无须像重力式工作流程那样，要在一楼完成越来越大的零件；新建筑要又长又矮，以便安置水平移动的传送带，还要能向四面八方无限扩张。这让建筑物越来越多的高地公园郊区环境显得捉襟见肘。高地公园的局限性，在1914年的一张照片中即可一目了然：建筑的外墙插入一道木质斜坡，汽车车身顺着斜坡滑到一楼，与底盘组装在一起。在持续扩张下，工厂已将触角伸向建筑物之外，最终形成了一个称霸全球的生产与销售帝国，从亚马孙的橡胶厂"福特兰迪亚"（Fordlandia）到英国的汽车经销商，无不在福特麾下。最重要的是，福特和卡恩把建筑物视为流程，而非一成不变的永恒之物，其承载的偶然性正是他们的建筑物的新颖之处。这些工作场所不再借用古代神庙或清真寺来打造永恒感，转而成了能够适应系统变化的空间。

为了践行这种生产理念，福特和卡恩在位于底特律西部乡村的胭脂河（River Rouge）畔着手盖新厂房。这处厂房在"一战"期间曾是造船厂，这令身为和平主义者的福特无法释怀，但为了赚钱，他还是接受了。战后，这里先是生产牵引机，然后制造汽车，许多大型的新建筑不断拔地而起，厂区规模迅速扩大。这些建筑均是一层楼高，且有大片玻璃（包括屋顶也是

玻璃的，由此，无论厂房面积多大，都能透进日光），就连钢筋
混凝土都省了，改用轻型钢架，这样既降低了成本，又缩短了
工期。

胭脂河厂区（The Rouge）陆续迎来了新成员：1921年建成
的铸造厂、1922年建成的玻璃厂（福特是唯一自行生产玻璃的
汽车制造商）、1923年建成的水泥厂、1925年建成的发电厂和平
炉厂、1931年建成的轮胎厂（橡胶来自福特位于亚马孙的橡胶
园），以及1939年建成的L形冲压钣金厂：其一边长达505米，
另一边为285米，车身钢钣在此处切割和铸模。20世纪30年代
鼎盛时期的胭脂河厂区，规模如同一座城市——占地2平方英
里，拥有10万名工人，每天生产4000辆汽车。物料则经由一条
专门挖掘的运河从福特的矿场运来，在28小时内，就变身为一
辆汽车，然后通过专用铁路运送出去，于是有了"从矿石到汽
车"的口号。这里是全球首个采用垂直整合模式的厂区，或许
也是史上最完整的垂直整合范例。同时，福特的世界帝国在全
球范围内收编供应商和经销商，并开始向工人的家庭生活渗透。

福特开始侵入家庭生活，是因为他觉得虽然流水线的速度
已经很快了，但仍未达到他的期望。合理化生产流程存在一个
致命的缺陷：工人。他们有血有肉有思想，不像机器那样驯顺
可靠。于是，福特将工人矮化，剥夺了他们的自主性和创意。

但是，他的工厂集结了上千名被矮化的工人，他们开始联合起来，对福特进行反抗。刻意放慢工作速度的"怠工"成了普遍现象，旷工率也很高（1913年为10%）。这样的工作环境意味着他留不住人：每年员工流动率高达370%，1913年，为了维持住1.4万名工人，他不得不雇用5.2万人。除了个别的抗议外，成立工会的呼声也越来越高，福特对此无疑大加反对。

因此，1914年，福特做出一项决定，这项决定震动了整个工业界，并让他的声望瞬间飙升：他让工人的收入翻倍，日薪高达5美元。报纸对此反响强烈，纷纷以诸如《"福特计划"创下经济史之最》《福特与工人分享利润，标志着新工业时代的到来》《人称疯子的福特现在将送出数百万》为标题发文。不到一周，公司就收到了四万份求职申请；他宣布这一消息的24小时后，就有一万名迫切的求职者聚集到高地公园工厂，最后不得不派警察来驱散人群。

不那么显而易见的是，"日薪5美元"并不是单纯的润分享机制，这只是福特的一套说辞。并非所有工人都能拿到这个钱：他们首先必须证明自己值这个钱。为了去粗取精，福特成立了有如出自奥威尔作品的社会学部，该部门在鼎盛时期雇用了50名调查员。这些调查员拿着写字板去员工家里做调查，以确保他们遵守福特的戒律：不得与罪恶为伍、不得生活在肮脏的环境中、不得留宿他人（指可能沉溺于不正当关系的人）、不得饮酒（福特严格禁酒），还要致力于提升（包括道德和建筑）。此举的目标是培养勤奋、健康、正直的员工，这些人要对消费品有不懈的追求，且要有钱来购买这些商品，而非把钱浪费在喝酒和赌博上。

福特的家长式作风并非史无前例。英国曾出现带有"慈善"色彩的实业家为工人搭建的房屋，例如吉百利（Cadbury）员工的伯恩维尔村（Bourneville Village）。这些地方通常没有酒馆，礼拜堂林立，反映出创建人严肃的宗教观。福特的差异在于，在他的社会工程实验中，组织性和入侵程度很高，同时他有着伪善的一面，例如，他坚持要求员工私生活检点，自己却和一个比他小30岁的女人有着长达十多年的婚外情。把监视延伸到家庭延续了福特主义体系的扩张逻辑。这套体系企图控制生产流程中的各个方面，从工作场所到卧室，也可以说从矿场到妓院，无所不包，现在还延伸到了消费领域：他的员工必须有能力购买福特汽车，否则这项计划便是完败。家庭已成为工厂的一部分，就像玻璃厂、轮胎厂、钣金厂或铸造厂一样，是生产场所，是整体流程概念中的一环，因此也必须不断改进并接受科学管理。

但是，福特帝国的部队最终还是撤离了家庭战场。1921年，他放弃了社会改造工程，关闭了社会学部。长期以来，成立工会的呼声让福特感到苦恼。他不肯和员工讨价还价，觉得他们不懂得对他慷慨的"5美元政策"知恩图报。那一年，他提速生产，仅以六成雇员就达到了与往年相同的产量，因此，他解雇了两万名员工，其中包括75%的中层主管。结果，1921—1922年利润跃升至两亿美元。与此同时，他对纪律的要求愈发强硬，从胡萝卜变成了大棒。

挥舞大棒的人是哈里·贝内特（Harry Bennett），一名有黑帮背景、曾获过奖的拳击手。福特委派当时已是人力资源主管的贝内特成立接替社会学部的"服务部"。这个由暴徒、前罪犯和前运动员组成的部门，是混合着间谍与打手的私人部队，时刻监视着成立工会的苗头和表现不佳的迹象。他们可以任意霸凌、骚扰、解雇员工。1929年大萧条后，上层要求减员增效的压力越来越大，又有无数绝望的人愿意不谈条件地保住工作，这为服务部的恐怖统治提供了温床。福特的员工在排队领工资时会不分青红皂白地遭受殴打；禁止交谈，上厕所前要找人顶替工作，休息时间只有午饭的15分钟。贝内特的同伙绝不容忍任何违规行为：一名工人因擦掉手臂上的油脂而被解雇，上班时去买巧克力的、露出笑容的，统统被解雇。福特本人的行为也越来越反常，他让经理之间爆发内讧，还损害自己儿子（公司总裁）的权威，把管理方式推向极端。在集权过程中，有时会把整个部门在一夜之间连锅端掉；一些原本权威的主管某天来上班时，可能发现老板用斧头砍烂了他们的桌子。

大约就在这时候，福特对民间舞蹈产生了兴趣。

1937年，福特试图打压成立工会的苗头，结果适得其反。一群工人在胭脂河厂区分发名为《支持工会，打倒福特》（*Unionism, Not Fordism*）的宣传小册子时，被贝内特手下的暴徒拦截并遭到殴打。对福特来说，不巧的是，当时几名记者和摄影师也在场。尽管服务部拼命殴打这些人，试图让他们屈服，并毁坏相机，但这场"天桥之战"（Battle of the Overpass）的部分照片还是见了报。丑闻随即传遍全国，许多人将责任完全归咎于亨利·福特本人，继而民众对"联合汽车工会"（United Automobile Workers）的支持率激增。最后，狼狈的福特只好眼看着工会在他的工厂里成立。晚年的福特沦为暴躁的老糊涂，"当年勇"被一个个失策之举和事业的节节败退笼罩。无可否认的是，尽管福特关闭了社会学部、退出了家庭领域，但他和其他科学管理的践行者在欧美影响深远，他们让"合理化"进入私人生活，模糊了工作与休息的界限。

出人意料的是，福特的工厂建筑在大西洋彼岸取得了最明显的成果。卡恩整洁的工厂设计对欧洲现代主义者影响深远，他们视美国为雷纳·班纳姆所谓的"混凝土亚特兰蒂斯"
（concrete Atlantis），是一片散发着神话之光的土地，在那里，
几何形式的建筑像金字塔般，直指英雄式的新生活。欧洲的年
轻建筑师之所以喜爱美国工业建筑，是因为它们预示着在这发
展得如火如荼的科技中孕育着未来。在他们的手中，工厂成了
住家。1913年德意志制造联盟年刊的出版，具有重要的意义。
在这本刊物中，后来的包豪斯学校校长格罗皮乌斯发表了14张
略经修整的神秘照片，这些照片对整个欧洲的前卫派产生了巨
大影响。其中一张是水牛城（Buffalo）配有升降设备的圆柱形
高耸谷仓，一张是辛辛那提市一处未竣工的高大仓库，卡恩那
建在高地公园、带有大片玻璃的工厂也包括在内。

　　这些宛如来自未来的明信片在许多著作中被重复引用，包
括勒·柯布西耶1923年出版的名作《走向新建筑》[（*Towards
an Architecture*）柯布西耶进一步修图，让这些建筑物看上去更
"纯粹"]，也成为检验"美国风格"的标准——20世纪20年
代，大洋彼岸的一切都是那样迷人。但是，当时的欧洲要想赶
上美国的科技和繁荣，还有很长的路要走。发表这些照片时，
格罗皮乌斯正在德国建造工厂，这座工厂采用了美式外观，但
背后却没有美国技术。数十年来，历史学家们一直以为格罗皮
乌斯位于鲁尔（Ruhr）的名作法古斯工厂是钢架结构，而从外

表看，也确实如此：有大片玻璃，就连转角也大胆地以玻璃
覆盖，似乎没有承重柱。而后来的研究表明，这只是一种障眼
法：作为"填充物"的砖块被小心翼翼地嵌在窗户之间，这才
是真正支撑起这座建筑的元素。无论这算不算是花招，这座建
筑物的的确确掀起了工业美学的热潮。柯布西耶的伪工业派别
墅以砖块建造，他小心地把墙壁漆成白色，打造出混凝土的外
表。他说他希望以"制造福特汽车所遵循的原则"来造房子，
并提出钢筋混凝土施工的量产系统。当时，饱受战争蹂躏的欧
洲正遭受着前所未有的住房危机，工业预制系统则让人们看到
了希望。后来的情况证明，希望落空了，但是即便房子无法那
样建造，至少可以看起来像那样。

然而，卡恩并不像现代主义者那样喜爱工业式的外观：

我看得出，当下许多平屋顶、方盒式住宅与新式工业建筑
非常相似。虽然我很欣赏众多现代工厂，但对这类住宅却没有
这种好感。事实上，许多已建成的和建造中的所谓"现代主
义"住宅，在我看来极其丑陋和单调。[8]

卡恩经营着世界上最大的建筑事务所之一。1929年，他的
事务所每周都能交出价值百万美元的建筑方案，但他一直保持

低调，近乎默默无闻。他在公开场合，总把自己建筑作品的起源归功于"福特先生的想法"，并声称建筑是"九分商业，一分艺术"。早在和福特合作前，他就将自己的事务所以流水线的形式重新安排，把昔日依靠天才建筑师发挥传统技艺的工作室，转型为协同作业、高度合理化规划的工厂。在垂直整合方面，卡恩将400名设计师、绘图员、文书人员及机械与结构工程师集中在一个办公室（卡恩的事务所开了直接雇用工程师的先河），并将这些专业人士组织成项目团队，以便让大量工业建筑的生产更加高效——福特的1000多座建筑、通用汽车公司的127座建筑、苏联的521座厂房，以及不计其数的住宅和公共建筑，均得益于此举。在卡恩眼里，柯布西耶是"喜怒无常、恃才傲物的人"，他亦不看好柯布西耶那些"追逐骂名""莫名其妙"的建筑。对于卡恩（和福特）来说，简洁的建筑适用于经济至上的工作场所，但在注重传统价值的居家领域，老式风格则更为妥帖，且是福特主义时代掩盖家庭经济现实的必要手段。因地制宜，才是卡恩眼里真正的功能主义。

　　然而，除了现代主义住宅外观采用了卡恩工业建筑的"纯粹性"外，家庭生活本身也发生了更深层的福特式转变：福特引发的变革，不是逃遁到历史幻象中就能回避的。事实上，在福特之前，美国理论家就已经把科学管理的理念应用在住宅领域很多年了。美国作家凯瑟琳·比彻尔（Catharine Beecher）开风气之先，于1842年首次倡导将厨房布局进行合理化重组，由此可见，科学管理始于家庭而非工作场所，这便颠覆了惯常看法。暂且抛开"鸡生蛋还是蛋生鸡"这个难题，这些企图改造家庭和工厂的尝试无不表明，劳动与休息、家庭和工作场所之间的界限变得模糊了。工人阶级的家庭一度是生产点（以手工制作商品），现在当居住者去工厂上班后，家庭空间才被私人化，而对于肩负着外出上班和在家做事双重负担的女性来说，家庭则依然是工作场所。另一方面，富有的家庭向来就分为主人的居住空间和职员的工作空间，但随着仆人佣金的上涨，家务劳动逐渐落到了中产阶级女性头上，于是，家庭中的工作区域吸引了弄潮儿和改革者的注意。此时比彻出场了，带来了她符合人体工学的厨房设计。

美国在为中产阶级家庭主妇构思合理化住宅方面是领先的，但这种观念却在欧洲发扬光大，尽管带有截然不同的政治倾向。克里斯汀·弗雷德里克（Christine Frederick）1913年在美国出版了颇具影响力的专著《新家政》（*The New Housekeeping*），该书于1921年被译成德文。作者在书中问道："如果效率原则能够在各种商店、工厂和企业中成功实施，那么为什么不能用在家里呢？"这个问题引来了众多欧洲建筑师的积极回应，其中包括奥地利建筑师玛格丽特·舒特–里奥茨基（Margarete Schütte-Lihotzky）。里奥茨基政治观激进，曾参加奥地利抵抗运动，并因此被纳粹关了五年。作为维也纳最早的女建筑师，刚出道时，她曾参与设计位于维也纳郊区的左翼社区，后来又参与了工人公寓的建造。这引起了德国建筑师恩斯特·梅（Ernst May）的注意，他在1926年雇用里奥茨基，请她按照社会主义原则协助改造当时住房极度短缺的法兰克福。五年内，他和团队建造了一个拥有1.5万套公寓的"新法兰克福"，其中大部分公寓是给工人居住的。

里奥茨基为这些新家设计了革新的法兰克福厨房。作为一名优秀的马克思主义者，里奥茨基视家庭为生产场所，并认为把女性局限在家里会阻碍她们受教育、工作和参与政治。她信奉科学管理原则，并通过对工作中的女性进行时动研究（time-and-motion studies），调整厨房布局，进而除去多余的动作，优化饮食生产的工作流程，给女性腾出时间参与更具政治和经济意义的活动。她从火车上的厨房汲取灵感，把法兰克福厨房设计成狭长形，内部设有齐平的操作台和位置考究的橱柜，水槽、垃圾箱、晾碗架和炉子则设计成了一条易清洁的家务流水线。

但是，泰勒主义中的一些缺陷，也被里奥茨基带到了法兰克福厨房。当时工人阶级的住宅中，厨房大多为开放式

（Wohnküche），而住房改革人士的一大目标，就是将厨房与起居空间分开。他们的出发点是好的，即想让家里更加安全卫生，并通过给女性一个好比饮食工厂的专属工作空间，让她们工作得更有尊严。然而，许多住在新法兰克福住宅的女性并不喜欢这种孤立的新式厨房：一进厨房，她们就脱离了厨房外的家庭生活；狭小的空间是为了提高效率，但如此狭小却让她们在厨房工作时无法有伴儿或监督孩子。第一批法兰克福厨房设备齐全，同时这也剥夺了使用者打造个性化环境的机会，许多女性抱怨说，她们怀念以前的开放式厨房。

　　和福特的工厂一样，法兰克福厨房也试图打造合理化的工作空间，让人们更健康、更快乐、更有生产力。但是，就像福特一样，里奥茨基忽视了日常生活的肌理，因此删去了那些让工作变得可忍受或有趣的东西。里奥茨基也没有考虑到性别角色的基本问题，这反而强化了家务只属于女性的观念。然而在工业时代，早就有人尝试解决休息与工作、家庭与工厂这两对矛盾关系产生的问题了。有人采取了更健全的方式，考虑到了人性经验的肌理、因人而异的怪癖，以及人们对于变化和乐趣的需求。

◇

　　1772年出生于法国的夏尔·傅立叶（Charles Fourier）曾长期担任推销员，整天东奔西跑地做生意，却没取得多大成绩。

他亲身经历了早期工业世界的骗局、浪费与不公，以及法国大革命的暴力（让他失去了继承的财产），这些经历使他对所谓的"文明"嗤之以鼻。受到自己从商背景和牛顿的启发，他编了一份琐细的目录，在里面稍嫌疯狂（或刻意讽刺）地罗列了文明的种种缺失和伪善，其中包括36种破产和76种通奸。他的解决方案是提倡自愿组建社群"法郎吉"（phalanx，原意为古希腊步兵的密集方阵），其成员共享一切，进而分摊"文明的劳动"，因为"那种劳动无法调动感官或精神，只会造成双重折磨"。[9]作为女权主义先驱，他亦将家务劳动问题纳入考虑范畴。他认为家务会把女性困在愚蠢且毫无报酬的苦差事中，是通往幸福之路上不可逾越的障碍。他主张："社会要想进步，就得让女性获得解放。"[10]因此，他建议家务劳动应加以集中和分担。为了让劳动的重担公平分配，傅立叶主张理想的"法郎吉"应由1620名成员组成，这样就囊括了各种类型的人，以便人人各尽所能，发挥自己的特点和天赋，同时人与人之间也能形成完美的组合。

这种新生活方式将在名为"法伦斯泰尔"（phalanstery）的建筑中蓬勃发展。傅立叶的文字异想天开，他曾断言大海终有一天会变成柠檬汁，人类会长到7英尺高、活到144岁。他曾详细地描述这类建筑："法郎吉将依地势而建，尽善尽美，不是我们城市中那些又脏又丑、一个比一个差的小房子。"[11]在这个宏伟建筑的中心，有会议室、图书馆、教育设施和音乐厅，这些场所均配有水管、供暖设施、通风设备和煤气灯。这些空间联结着工作场所和住宅区域，并将按收入进行分配（傅立叶并不反对阶级划分），各区域由包着铁和玻璃的通道相连，和卡恩的工业建筑不无相似之处。法伦斯泰尔是高科技机器时代的乌托邦，且与福特的工厂一样，布局由生产流程决定，但这里生产的东西却远远超越了金钱：这里生产的是乐趣。

除了上面列举的专用空间外，法伦斯泰尔还设有用来追求"激情"的空间。这体现了傅立叶乌托邦理想最具独创性的部分——对心理的关注。对傅立叶来说，完善的社会不仅要满足其成员的物质需求，也要照顾到他们的感官需求，于是他仿效牛顿，把这些需求当成自然规律一般，逐一列举出来。他对性爱的强调，坦率到令人不忍直视的程度。他谴责传统婚姻，认为那是一种性奴役，对女性来说尤其如此。相应地，傅立叶认为，每个人都有所谓的"情爱底线"需求，因此无论多么不寻常的性欲，都应得到满足。此外，他主张包容同性恋（他是女同性恋的忠实支持者）；在法伦斯泰尔，还设有在指定时间负责管理性欲和"情爱慈善事业"的"爱之宫"，由柔嫩的年轻人来照顾老年人与残障人士的需求。用"包容"来形容傅立叶的做法是不足取的：他不鼓励以空泛的自由回应人类的多元性；他崇尚差异，认为这是最大、最无止境的愉悦之源。在他的乌托邦，最大的危险就是餍足，避免餍足的方法唯有变化。傅立叶把这种逻辑延伸到了劳动领域，主张："工作和享乐一样，追求多样性是人的本能。"[12] 由于任何工作做一两个小时后都会变得乏味，所以他提议不断交换职业角色；尽管傅立叶热衷于安排组织，但他肯定厌恶福特的工厂。

　　傅立叶的追随者（包括其著作的美国译者）删去了他在性方面的言论，以免吓到严肃正派的读者。此举激怒了傅老。不过，删去了这些带有争议的言论后，傅立叶的思想像野火一样蔓延开来。在法国，傅立叶最成功的信徒是一位名叫让-巴蒂斯特-安德烈·戈丁（Jean-Baptiste-André Godin）的铁炉制造商，他在巴黎附近的盖斯（Guise）为工人建造了一个庞大的公社"家庭斯泰尔"（Familistère）。这些建筑物的公共空间有大片的玻璃、集中的清洁和厨房设施，和傅立叶的法伦斯泰尔十分相像。这次实验取得了巨大成功。"家庭斯泰尔"成立于1846年，后来由工人们共有共治，直到1968年公司被德国人接管时才关闭。

　　傅立叶的思想在大西洋彼岸生了更大的影响，可惜只是昙花一现。19世纪40年代，美国掀起了集体工作和居住的热潮，出现了许多名字吓人的社区，比如俄亥俄州的"乌托邦"

（Utopia）。这些社区中，最著名的当数成立于1841年、位于波士顿近郊的布鲁克农场（Brook Farm）。其创建者是一位名叫乔治·里普利（George Ripley）的神论派牧师，为了安置公社成员，里普利着手建造一个庞大的法伦斯泰尔：

> 175英尺长、三层楼高，阁楼被分隔成舒适实用的单人间。二楼和三楼被分隔成14间房子，各户彼此独立，每户设有三室一厅，各户之间由与建筑物等长的走廊相连……底层设有宽大的厨房、可容纳三四百人的餐厅、两个公共客厅，以及一个宽敞的礼堂。[13]

美国作家纳撒尼尔·霍桑（Nathaniel Hawthorne）曾短暂地加入其中，并根据这段经历创作了小说《福谷传奇》（*The Blithedale Romance*）。他对集体农场不以为然，在书中他温和地嘲讽了居民们的渴望："我们的目的是减轻劳动者的重负，于是我们耗费体力来分摊。我们想通过互助来获利，而不是从敌人手中强行夺取，或狡猾地从那些不如我们精明的人手中窃取（如果新英格兰真的有这种人的话）。"[14]但是经济问题很快便压垮了公社，尚未竣工与投保的法伦斯泰尔建筑也于1847年被烧毁。然而，霍桑还指出了其他暗藏危险的不和谐音：在《福谷传奇》中，当叙事者及其清教徒朋友霍林斯沃斯（Hollingsworth）与两位年轻女士因情欲而产生了理不清的关系后，共同生活随即分崩离析。霍桑很熟悉傅立叶的著作，在《福谷传奇》的一个场景中，他让叙事者顽皮地将被压抑的情色元素带了出来。

　　我尽量克制地进一步解释傅立叶体系中的几个要点，随手翻一两页的内容讲给他听，并询问霍林斯沃斯，在我们的社区引入这些美好的怪癖是否合宜。"别再跟我说这些了！"他满脸厌恶地喊道，"不过，考虑到他的体系能带来的快乐——正经得很，傅立叶的同胞们非常欣赏——我真不明白为什么整个法国没有立刻采纳他的建议……""把这本书从我眼前拿开，"霍林斯沃斯恶狠狠地说，"否则我会把它扔进火堆，我没开玩笑！"[15]

　　霍桑暗示，霍林斯沃斯就像迷你的罗伯斯庇尔，改革者对性欲的压制只会导致社会不和。人们只能猜测，如果未曾压抑性欲，除了繁重的劳动和糟糕的食物外，这个美国公社还能提供给日益幻灭的居民们其他东西。"福谷"和傅立叶也给福特上了一课：拒绝满足消费者和工人的感官需求，福特的企业注定会走向失败。

福特试图打造和谐的、利润最大化的产业体，但由于他把生产和消费领域搞得毫无乐趣可言，最终未能如愿以偿。福特的社会学部在性道德方面的观点过于老旧，还出台了相应的行为规范，而当福特把自己伪善的维多利亚价值观强加在工人的家庭生活上时，便将他们的情感生活与工作隔绝开来，尽管他的本意是兼顾这两方面。后来，他意识到了这种方法行不通，便从社会调查和日薪5美元的行政强制手段转向了服务部的赤裸裸的暴力，这就注定了他的穷途末路。与此同时，竞争对手通用汽车的阿尔弗雷德·斯隆（Alfred Sloan）看穿了这个世上最大制造商盔甲上的破绽。在合理化方面，通用汽车不可能超越福特，因此他们决定提供更多设计上更具吸引力的产品供消费者选择，让感官乐趣回归消费领域，即便他们同样没能解决劳动环节缺失乐趣的问题。终于，通用汽车的销量在20年代中期首次超越福特。而亨利·福特在拒绝了高管多年的恳求后，终于决定在1927年停产T型车，转而生产风格更吸引人的A型车——这次除了黑色外，还有若干种颜色可供选择。然而福特大势已去，不复当年，再也无法挽回产业龙头的地位了。

虽然福特本人失败了，但福特主义却在第二次世界大战后发生了令福特厌恶的质变，进而幸存了下来，并繁荣发展。推动这种转变的，是对"犹太"金融抱有戒心的福特反感的"信贷"

和性。新福特主义在玛莎·里夫斯和范德拉兄弟乐队（Martha Reeves & The Vandellas）的畅销歌曲《无处可逃》（*Nowhere to Run*）中爆发出诱人的生命力，这首歌曲的音乐录影带于1965年在胭脂河厂区的流水线上拍摄[乐队所属的摩城唱片公司的老板贝里·戈迪（Berry Gordy）创业前曾在胭脂河厂区工作]。三名年轻迷人的女歌手在制造"福特野马"（Ford Mustangs）的工人中间跳着舞，这个画面暗示着女性是可消费的性对象，如同周围可替换的量产零件。这首歌曲的制作人确实用到了汽车零件——以不断摇动雪链的方式，在整首歌曲中制造出持续的打击乐音效，为80年代后期诞生于底特律、更加鲜明地呈现工业声音的铁克诺音乐埋下伏笔。摇动雪链发出的声音表现的是歌曲描述的那段饱受折磨却又无处可逃的关系，也代表着这座工业城无处不在的力量已通过流行文化侵入情爱领域："无处可逃，无处可藏。"休息成了"休闲"，乐趣成了工作——消费的借口。

前卫艺术家肯尼斯·安格尔（Kenneth Anger）在短片《定制轿车标准》（*Kustom Kar Kommandos*）中，刻意以戏谑的方式赞颂了这一过程。这个三分钟的短片与《无处可逃》的音乐录影带同年拍摄，以柔和色调的画面诉说着同性恋的情爱，短片中，一名年轻男子伴着菲尔·斯佩克（Phil Spector）制作的畅销单曲《梦中情人》（*Dream Lover*），深情款款地擦拭着汽车的烤漆。令人诧异的是，这部短片得到的一万美元资助，竟来自福特基金会。

　　福特对此或许不以为然。晚年的福特似乎意识到他在某个环节出了错，但仍然体会不到感官的重要性——他开始探索昔日美国的乌托邦，主张乡村生活应该工业化，工业生活应该农业化。这意味着，他想将产业去中心化，把他曾建造的庞大工厂建筑群拆分成一个个较小的建筑，分散在田园间。他的目标是让工人们在未堕落的工业伊甸园，重新把工作和生活结合起来。然而，他这股世外桃源的力量，无法与晚期福特主义驾驭战后家庭领域的能力相抗衡：晚期福特主义通过广告和流行文化，将劳动和家庭消费色情化。这一炼金过程的坩埚在厨房。在那里，福特的愿望以另一种形式得以实现：家庭生活被工业化，工业被家庭化。

　　19世纪40年代，受比彻尔的启发，美国中产阶级开始渴望拥有合理化的厨房；现在，这个美国梦被推销给了更庞大的人群——新中产阶级。这个人群凭借福特式劳动，获取了更多可支配的收入，而资本家亦希望从这些"剩余"财富中获利，于是便通过广告影像，把家庭主妇的工作描绘得轻松愉快，并以色情电流为家庭及家中的劳动与消费输送动力，让厨房和厨房用品成为传统女性特质无法抗拒的象征。由此，家庭完全被带入工业领域，成为混合着消费与劳动的场所。虽然强调乐趣，但这里与傅立叶的法伦斯泰尔相去甚远。家务重担并未因有人分担而减轻，生产商不断提高卫生标准，以促使消费者不断购买专用家电，这样一来，"不费力的清洁日"也成了幌子般的口号。这里没有透着未来感的玻璃采光街道，没有宏伟的娱乐场所，也不会满足"情爱底线"，只有形单影只的、披着幸福外衣的贪婪。里奥茨基对现代厨房抱有的政治理想也不见踪影。厨房被描绘成消费的地方，而不是工作的地方，尽管那里的工作无疑还在继续；使用厨房的人亦没有因便利而获得解放，反而被奴役了。

离开美国郊区热气腾腾的厨房，傅立叶和福特对工作与家庭的处理方式在另一片大陆上相遇，且争得你死我活。苏联似乎不会有福特主义的立足之地，傅立叶主义的境遇也不过如此，因为执政党的正统思想认为作为"科学社会主义"先驱的傅立叶略显激进。然而，福特却在俄国革命期间受到推崇。在工厂里，福特的肖像被挂在列宁肖像旁边，俄共更在1928—1932年期间聘请卡恩设计建造了"一五计划"中的数百座工厂。（最初这些工厂大多生产牵引机，但后来改为生产坦克，以对付纳粹党。）福特观念在苏联的盛行，表明资本主义和共产主义经济之间存在不寻常的相似性：二者经常不顾工作中成就感的重要性，极力追求超生产，无论是为了利润还是未来的乌托邦。然而，在苏联早期的峥嵘岁月，即斯大林主义的正统性尚未开始钳制一切时，在重新思考如何在共产乌托邦安排生活与工作方面，一度有更大的想象空间。信奉傅立叶主义的车尔尼雪夫斯基创作的小说《怎么办？》（*What Is to Be Done?*）令列宁深受启发，这本书中，作者提议建造分散在乡间的大型玻璃公社。

这时，女性主义也蓬勃发展。苏联驻挪威大使、世界上首位女性大使亚历山德拉·柯伦泰（Alexandra Kollontai）等革命人士主张，在共产主义制度下，传统家庭和性别角色将会消失，儿童保育工作将会集体化，无私的爱将主导一切。这种观念在建筑中随处可见。一群颇富远见的年轻构成主义者做了种种引领新式工作与生活的设计（碍于革命结束后缺少经费和机会，这些设计仅仅停留在纸面上），其中最著名的是弗拉基米尔·塔特林（Vladimir Tatlin）于1919年设计的第三国际纪念碑——一座由高科技的玻璃和铁构成的巨大斜塔，内设旋转礼堂。这座未兴建的高塔永远指向光明的未来，回击着固守现状的、静态的埃菲尔铁塔。

后来，即便是在斯大林的"一五计划"期间，构成主义者还是设法兴建了不少建筑。莫伊谢伊·金兹伯格（Moisei Ginzburg）1930年在莫斯科建成的纳康芬公寓（Narkomfin）成为晚期构成主义设计的标杆。这是一座庞大的集体住宅，以"社会凝聚器"理念为蓝本设计而成，试图借由将人们以新的形式组合在一起来改造社会。这座建筑本该成为未来所有苏联住宅的样本，但事实上，这一时期兴建的新住宅少之又少。彼时，苏联将工业化作为发展的核心，大量城市居民仍住在沙皇时代遗留下来的肮脏拥挤的住宅里，这些住宅与金兹伯格设计的干净洁白的建筑形成鲜明对比。金兹伯格的灵感，来自柯布西耶等欧洲现代主义者，以及20世纪20年代、30年代流行于俄国的机器美学①。金兹伯格一心想用这些形式上的创新装饰社会主义乌托邦，而非工业富豪的别墅。因此，纳康芬公寓里设有公共厨房与餐厅、健身房、阅览室、育儿设施和公用洗衣房，看起来颇具傅立叶风格。其背后的理念是，在未来的共产主义制度下，除了睡觉可以在私人空间进行外，其他一切活动，无论休闲还是劳动，都将共享。

随着共产党的正统思想逐渐淡去了20世纪20年代的理想主义色彩，构成主义者为了迎合局势，不断调整路线，同时也认识到无法迫使人们立刻适应新生活方式。为了让过渡更顺利，纳康芬公寓里建有各式居住空间，从传统公寓到通铺一应

---

① 机器美学（Machine Aesthetic），主张建筑的形式应像机器一样符合实际功用，强调功能与形式之间的逻辑关系，反对附加装饰。

俱全。未来的200名住户将以资产阶级核心家庭的姿态从一端进入，从另一端出来时，将成为闪亮的新共产主义者。这种居住空间被当成了人的生产线，而不单单是柯布西耶所谓的"居住的机器"（二者是截然不同的工业比喻）。在这里，建筑物本身便是社会变革的载体，它不再像福特和卡恩的胭脂河工厂那样充满带有不确定性的变数，而是朝着预设的共产主义形式去改变。虽然纳康芬公寓带有傅立叶色彩，但也透着福特的家庭观：二者均希望根除私人生活，无论是通过福特社会学部的父权监督，还是金兹伯格那将私人空间缩到最小的公寓，都是为了调和家庭生活与劳动，进而优化生产关系。

这个"乌托邦"从未实现。纳康芬公寓竣工时，斯大林开始强化对思想和言论的钳制，并把严重倒退的观念强加于社会。同年，他关闭了妇女部（Zhenotdel），结束了革新性别角色的尝试。斯大林不太喜欢现代主义建筑，他希望人们住在浮夸的古典公寓里，而非带有未来感的新生活方式实验室。此时，外来影响受到强烈质疑，曾与一众德国左翼人士共同逃离纳粹统治下的法兰克福、协助兴建新俄国的梅和里奥茨基，也被迫离开了。许多俄罗斯本土现代主义者远没有那么幸运，最后不是接受"再教育"，就是落入更悲惨的境遇。纳康芬公寓就是这缺乏空气的煤矿中最早从枝头坠落的金丝雀。工程完工后不久，一名党内要人便坚持要在屋顶的公共露台上修建私人阁楼，公寓的建造者也不得不谴责当初的尝试是个错误的实验。后来的住宅方案，只好屈从于斯大林退化的观念，此后的数十年，共同居住的乌托邦设想销声匿迹。

然而，经过多年沉睡，这些思想再度复苏，朝着苏联崭新的黎明眨眼。1953年斯大林去世后，赫鲁晓夫为俄国知识分子的生活带来了希望。一时间，20世纪30年代不能提及的概念纷纷浮出水面，构成主义也得到重新审视：它不再是反革命的"形式主义"，转而被视为本土的社会主义艺术运动，足以令人谨慎地自豪。纳康芬公寓原本受到忽视，其设施也挪作他用，此时居民委员会则以请愿的形式，呼吁恢复原先的公共空间和相应的规划，虽然未获得许可，但有一阵子，傅立叶的共同烹饪、清洁与育儿的观念重又被提起。事实上，1957—1959年期间，苏联曾发布一个速成式的住宅建设方案，该方案涵盖各种类型的住宅，计划将数以万计的市民重新安置到干净的新公寓里。这段时间，公共与私人厨房并存，晚期福特主义的信徒对工作与家庭的观念和傅立叶倡导的共同至上观对峙，争夺着主导苏维埃建筑的地位。一方面，俄国人需要设施完善的私人住宅作为共产消费的场域；另一方面，有公共设施的宿舍更符合社会主义原则。有人建议将两者结合起来：日用消费品公共持有，私人住宅的户主可以把它们出租。

最后福特主义者赢了，而苏联经济却陷入长期的低迷，无力维持美国消费主义的水平。但是，有一段时间似乎并非如此。在那个被英国作家弗朗西斯·斯布福特（Francis Spufford）称为"红色富饶"（Red Plenty）的短暂而诱人的年代，苏联似乎即将赶超西方资本主义国家。今天的人们对苏联解体记忆犹新，很容易忘记从1957年斯普特尼克一号（Sputnik）人造卫星发射到1962年古巴导弹危机这段时间，苏联一度就要成为冷战赢家。当时，苏联拥抱西方科技成就，甚至超越西方，赢了太空竞赛（加加林于1961年进入太空，绕地球一周）；经济增长速度在世界范围内仅落后于日本；培养了无数工程师和科学家；在模控学（cybernetics）领域也处于领先地位，因为他们迫切希望能够借由微芯片实现计划经济。赫鲁晓夫知道，他得让数十年来饱受战争、饥荒蹂躏和意识形态钳制的人民看到光明的未来，不再只给他们一个朦胧的共产永无乡，而要切实地满足人民当下的需求和愿望。然而他做出了错误至极的判断，把1980年选定为苏联社会超越美国的一年。用斯布福特的话说，20年内，共产主义的丰饶之角将会满溢，"拉达（Lada）的噪音将小过任何一款劳斯莱斯，日古利（Zhiguli）开起来顺畅有力，将令保时捷相形见绌，伏尔加（Volga）车门关闭时发出的闷响，会让梅赛德斯的工程师们羡慕到嚼胡子"[16]。

当时人们还真信了这一套，这其中不无道理。彼时，苏联百姓享受着空前优越的物质生活，商店里挤满了人，大街上人人身着漂亮的新衣服。但是，苏联共产党很清楚国家腐败的经济摇摇欲坠，赫鲁晓夫的愿景不过是海市蜃楼。1964年，赫鲁晓夫下台，他的许诺被官方遗忘，却未曾被人民遗忘，这使得苏联共产党的正当性被逐渐削弱。那么，赫鲁晓夫究竟为什么要做出"20年实现共产主义"的荒唐承诺呢？首先，斯大林时代的血腥令他的良心深感不安，他似乎想借由许诺共产主义幸福生活来弥补不堪回首的过往。但事实上，他的做法更是对国内外政治局势的回应。

1959年，世界两大超级强权在史上最匪夷所思的战场——莫斯科美国国家展览会（American National Exhibition）展出的样板厨房里——展开角力。赫鲁晓夫与美国副总统尼克松这场著名的"厨房辩论"是冷战的关键时刻，福特式的大众消费美国梦与苏联的"红色富饶"理想在辩论中针锋相对。美国展出的厨房刻意宣传白色家电（说是粉红色或鲜黄色家电也不为过），因为在晚期福特主义时代，美国通用电气公司（General Electric）生产的家电有多种颜色可供选择。消费者自主选择向来是民主的象征，这是纯粹的"厨房水槽政治"。

　　展览中展出的未来机器，包括洗地机器人和洗碗机。面对
这些自动化机器，赫鲁晓夫问尼克松："你们有没有把食物放进
嘴里、再塞进喉咙的机器？"语气中充满对资本主义的贪婪与
惰性的蔑视，但丝毫没能掩饰住展览所呈现的富裕日常生活带
给他的慌乱。冷战的局势变了：美国虽然输了太空竞赛，却在
家庭领域扳回一局；赫鲁晓夫在太空和实验室取得的胜利，显
然无法弥补在厨房竞技场的一败涂地。苏联报纸中肯地指出，
很少有美国人能买得起这些高科技产品，而多数美国人都是背
着沉重的贷款才买得起房子。即便是这样，成千上万的苏联人
依然排着长队，渴望一睹来自另一种文明的产物，此间，每个
参观者的心里都被种下了糖果色的疑问种子。于是，傅立叶共
同分担劳动这一选项不复存在，晚期福特主义——在私人住宅
中结合消费与生产、工作与乐趣——大获全胜。锁链发出的响
声在铁幕上回荡："无处可逃，无处可藏。"

　　傅立叶强调的集体生活和感官乐趣，似乎和晚期福特主义
不无相似之处。我在本章中多次暗示，傅立叶和福特并非相去
甚远。傅立叶热衷于分门别类，这契合了福特合理化工作方式
背后的启蒙思想，而他强调的"热情"，竟也呼应了晚期福特主
义存在的条件。"工业的整体完善，"傅立叶主张，"可借由消
费者的普遍需求和精细化来实现，包括饮食、服装、家具和娱

乐。"[17]他进一步补充道："我的理论仅谈论如何利用现在遭人非议的激情，大自然赋予了我们激情，且从未改变它们。"[18]

但后来的情况证明，激情被工业化改变了。傅立叶在确认与切割人类变化多端的情欲时，和福特切割工人的身体一样精细，而他的手术刀留下的伤痕，可以从今天商人们的报告中看出——他们在消费主义的服务中，实践了经调研得出的57种欲望。因此，流行文化和广告源源不断地提供给我们全新的、散发着情欲之乐光芒的欲望体验。借由探索被福特压制的人本体验领域，并将其与消费相整合，晚期福特主义成功地把激情融入工业社会，并从中获利。但是，傅立叶制度中尚存在未被实践的层面，就连躺在懒人沙发上的谷歌员工也不例外。傅立叶写道："对于从事缺乏吸引力的工作的人来说，人生是一场漫长的折磨。道德规范教导我们要热爱工作，那么我们首先要知道的应是如何让工作变得可爱，最重要的是，如何让工作把奢侈引入……工作场所。"[19]在我们所处的后福特时代，生产商已不肯支付员工足以让他们购买其产品的工资了，取而代之的是把工厂迁往更廉价的劳动力市场，相应地，奢侈的工作场所似乎比以往更加遥不可及。大海终归没有变成柠檬水。

第八章

E.1027，法国马丁岬
（1926—1929年）

建 筑 与 性

墙啊！亲爱的、可爱的墙啊！
你硬生生地隔开了咱们两人的家！
墙啊！亲爱的、可爱的墙啊！
露出你的裂缝，让咱向里头瞧瞧吧！
　　——莎士比亚，《仲夏夜之梦》(A
Midsummer Night's Dream)

在法国蔚蓝海岸（Riviera）波光粼粼的海面上，漂浮着一
个深色圆点，海面仿佛被划开一道伤口。海浪缓缓地将这个物
体送到岸边——20世纪建筑巨匠柯布西耶的遗体，就这样躺
在了沙滩上，在悬崖上那栋令他魂牵梦萦数十载的别墅的俯视
下，好似享受着日光浴。有人推测，柯布西耶在1965年8月
的死亡，是自杀之举。就在此前不久，他接连失去了母亲和妻
子，他变得郁郁寡欢，曾对一位同事说："在游向太阳时死去，
该多么美好啊！"[1]不过，本章将要讲述的并非关于死亡的故
事，而是关于爱——与性。这个故事诉说的，是柯布西耶对悬
崖上的房子的迷恋，以及他对这栋房子的设计师艾琳·格雷①
的怨恨。一动不动的磐石似乎是活生生的肉体的对立面，丝毫
勾不起性欲，而本章将要揭示的，恰恰是建筑物的性密码，以
及建筑物的煽情能力。这个故事里，有为情人建造的房子，有
阻挡爱情的结构体，还有迷恋建筑物本身的人。尽管故事中的

---

① 艾琳·格雷（Eileen Gray, 1878—1976），爱尔兰建筑师、家具设计师。

有些人物固然颇为极端，比如嫁给柏林墙的女人，但在现实中，无可否认的是，人们的性生活大多都发生在建筑中。那么，建筑物对于人类的性欲究竟有什么影响呢？

在尝试回答这个问题之前，让我们先回到刚才描述的场景：阳光普照的沙滩、名人遗体，以及最重要的——悬崖顶上的别墅。位于马丁岬（Cap Martin）的这栋房子虽然是格雷的第一个建筑作品，但设计得出色至极。整栋别墅通体白色，宛若一艘搁浅在岩石上的远洋渡轮，露台和窗户俯瞰着下方的地中海。家具和装潢延续了航海主题，灵感均来自搭乘轮船与火车旅行的浪漫色彩——格雷称之为"露营风格"。得益于格雷的精巧设计，室内空间达到了最大化：抽屉旋转开合而非推拉，床可折叠入墙，整间房子犹如在跳机械芭蕾舞，旋转着、滑动着，绽放出生命力。

然而，这栋房子不单单展现着令人赞叹的技术，它还是一首爱情诗，是格雷送给伴侣让·巴多维奇[1]的礼物。"E.1027"是他俩名字的加密组合：E代表艾琳（Eileen），数字10、2、7分别代表英文字母表中的第十个字母"J"（Jean）、第二个字母"B"（Badovici）和第七个字母"G"（Gray）。矛盾的是，格

---

[1] 让·巴多维奇（Jean Badovici, 1893—1956），生于罗马尼亚、活跃于巴黎的建筑师、评论家。

雷越用不露声色的公式掩饰两个人的关系，就越彰显出自己神秘莫测的个性。即便是密友，也对她的内心世界知之甚少，她在晚年还毁掉了大部分私人信件。她对自己的情感生活只字不提，但她似乎是个热爱冒险、不受传统束缚的女人。

年轻的时候，格雷就离开了爱尔兰的贵族家庭，前往五光十色的巴黎。在那里，她学习艺术，并混进了移居海外的女同性恋圈，与格特鲁德·斯泰因[1]和朱娜·巴恩斯[2]皆有交往。此间，她与法国知名女歌手达米亚（Damia）坠入爱河。达米亚生活奢侈，以用皮带遛宠物花豹而闻名。和格雷交往时间最长的恋爱对象，是比她小14岁的建筑评论期刊编辑巴多维奇。1924年，他请格雷为他盖一栋房子；1929年房子落成后，几乎每年夏天两人都在那里度过。他俩把这栋房子当作情侣的隐居之所，这在很大程度上影响了房子的设计。中央的起居室也可以用作卧室，和格雷早期设计的"闺房"（bedroom-boudoir，"boudoir"原指女性私人的起居室、更衣室和卧室）异曲同工，而房间的重点是可以展开为一张床的大沙发。

格雷在沙发上方的墙上贴了一张航海图，上面写着波德莱尔的诗作《邀游》（*L'invitation au voyage*）。这首诗的主题用在

---

① 格特鲁德·斯泰因（Gertrude Stein，1874—1946），美国女作家，1903年移居法国。
② 朱娜·巴恩斯（Djuna Barnes，1892—1982），美国女作家，20世纪20年代移居法国。

这里，再合适不过了：

> 我的孩子，我的姐妹，
>
> 想想多甜蜜，
>
> 到那边一起生活！
>
> 尽情地爱，
>
> 爱与死，
>
> 在那和你相似的国度！
>
> …………
>
> 那里有秩序与美，
>
> 奢华、平静与欢愉。

波德莱尔描述的几乎就是马丁岬上这个俯瞰大海的隐秘之所。这首诗继续写道：

> 家具在闪光，
>
> 被岁月磨光，
>
> 装点着我们的卧室。[2]

与波德莱尔笔下古色古香的家具不同的是，在 E.1027 闺房中的家具，闪耀着镀铬和玻璃的机械光感。

格雷并非一贯热爱科技。她最初因新艺术漆器家具设计
而成名，例如，她曾设计出一把扶手像蛇一样弯曲着的椅子，
后来这把椅子由伊夫·圣·罗兰①收藏。在巴黎时，她曾师从
一位日本工匠学习漆器工艺。漆器制作过程漫长，需要一遍
遍地涂抹、一层层地晾干。随着时间的推移，她放弃了后来
被她戏称为炫技手段的漆器工艺，转向受风格派（De Stijl）
影响的立方体形式。在E.1027，她的现代主义风格家具登峰
造极，并开始演化出新式玩法——消失。她的作品一部分采用
"露营风格"，可折叠、可携带，不甚显眼；与之相对的则是
另一个极端，即可收进墙里，或看似就是墙体。这些家具顽
皮地展现出她在室内设计师与建筑师之间的转换：二者互为
依存，相得益彰。

格雷设计的屏风，最能体现其家具/建筑作品间暧昧的界
线。格雷在职业生涯中设计过许多屏风，自宅里也经常使用。
这些屏风多是半透明的，有的由纤维素（cellulose，即早期的
塑料）制成，有的由金属丝网制成。其中，20世纪20年代初期
的一件知名作品以黑色漆板制成，每块板子均以钢轴为中心、

---

① 伊夫·圣·罗兰（Yves Saint Laurent，1936—2008），法国时装设计师。

可旋转。这件家具来源于她为巴黎洛特大街（rue de Lota）的一间房子设计的门厅。这个门厅两侧排列着形状相似的镶板，望向大厅的尽头，镶板似乎会向内弯曲并碎裂。顺着门厅往前走，就好像从街道的公共区域进入室内隐秘幽暗的深处，会感觉建筑物本身也碎裂了。

格雷由此发展而来的"砖屏"（brick screen），进一步迈向了移动建筑：原本坚固的墙面被分解成可操作的单元，使观者可以看穿这道屏障。原本静态的、不透明的建筑，在格雷的建筑作品中，被分解为活动的、透明的。她的屏风将建筑与家具、看得见与看不见、隐私与公共分隔开来，又整合在一起。这其中隐含着与性的巨大牵连。在历史上，建筑物一直被用来遮挡性活动，性生活通常隐藏在卧室的四壁之内。格雷的房子则展示了当这些墙倒塌后会发生什么。

格雷在E.1027中沿用了屏风，最显眼之处是在前门。E.1027的入口处有一个弯曲的柜子，它延长了进入建筑物的体验，并遮住了客厅。格雷以凸显感官性的、近乎色情的文字描述了进入这间房子的体验："这是一种转换过程，它让即将看见的东西保持着神秘感，让这份愉悦悬在半空中。"她还用过一种更具弗洛伊德色彩的描述："进入一间房子的快感，就好比进入一个会在你背后关闭的嘴巴。"[3]屏风能延长进入房间的过程，此外，还能为居住者挡住访客的目光，并展现中央空间的暧昧性——既公共又私密，既可用来做爱，又可用来接待客人。门厅里三个涂鸦而成的句子，似乎是要让访客放慢脚步。客厅的入口处写着"entrez lentement"（慢慢进入）；服务区的入口处写着"sens interdit"[字面意思为"禁止进入"，但听起来像"禁止感受"，或"不禁止"（sans interdit）]；大衣挂钩下方写着"défense de rire"（不许笑）。格雷的趣味提示意在警告漫不经心的访客注意自己的行为，不要打扰到住在里面的人，以免造成尴尬，似乎也同时暗示着，在这个如天堂般自由的情侣隐居之所，百无禁忌。

E.1027的一位常客是巴多维奇的密友，名叫夏尔–爱德华·让纳雷（Charles-Édouard Jeanneret），这个人后来给自己取名勒·柯布西耶。他之所以成为20世纪建筑界的翘楚，不仅在于他精于自我宣传，不知疲倦地推广"新建筑"，更在于他在政治上的铁石心肠——他愿意为任何一个能让他盖楼的政权工作，其中包括维希政府[1]。他的建筑作品遍布世界各地，从东京的博物馆[2]到印度联邦的整个首府[3]。尽管在世界范围内建立了丰功

---

[1] 维希政府（Régime de Vichy），即"二战"期间德国占领法国后的傀儡政府。
[2] 指东京国立西洋美术馆。
[3] 指昌迪加尔（Chandigarh），印度西北部城市，兼为旁遮普邦（Punjab）、哈里亚纳邦（Haryana）首府。柯布西耶曾受聘负责新城市的规划工作。

伟绩，他这辈子念兹在兹的仍是格雷海边的那个小屋。1938年，他在那里住了几天后，给格雷写了一张充满欣喜的明信片："我非常高兴地告诉你，在你的房子里住了几天后，那里从里到外主导着一切的一股杰出的精神，令我很欣赏。这股杰出的精神为现代家具与装置赋予了尊贵、迷人、精巧的造型。"[4]他如此得意，部分原因在于格雷的别墅中许多地方都透着柯布西耶的风格。在巴多维奇的建议下，建筑物以修长的钢柱抬高，这便是柯布西耶所谓的"独立支柱"（pilotis）；此外还有可供使用的屋顶、水平长条窗和开放式的室内空间：这一切均极其符合柯布西耶提出的"建筑五要素"。但除了这些形式上的相似之处外，格雷的房子和柯布西耶的理念大相径庭。这种分歧源于二人对于建筑基本看法的差异。她公然反对柯布西耶那句最著名的箴言。她说："房子不是居住的机器，而是人的躯壳、人的延伸、人的释放，是灵性的散发。"[5]由此，她在由机器锻造的枯燥乏味的现代设计中，加入了人性色彩和有趣的元素，比如以米其林人（Michelin Man）为灵感的椅子、露台上的救生圈、墙上的双关语涂鸦。

格雷进一步背离柯布西耶的准则之处在于，她的房子里没有体现出大师一贯倡导的连续空间。柯布西耶的房子里向来有新颖的水平长条窗和开放的内部空间，尽显透明性。他曾写道，建筑物应"像步行大道，一走进来，建筑景观立即映入眼帘"。[6]格雷的建筑则不那么透明。E.1027虽面对广阔的海景，内部却到处都是屏风和障碍，在里面移动就好像走迷宫，且惊喜环生。格雷心目中的理想生活比柯布西耶的隐秘。她写道："文明人知道某些动作要有节制，需要将自己抽离。"[7]E.1027中的许多视觉屏障便体现了这种节制，同时保持了开放空间的通透性。

20世纪30年代初，格雷与巴多维奇的关系变得紧张起来。她无法忍受他的不忠，也反感他吵吵闹闹地喝酒。格雷性格独立，拒绝被人或事物束缚，无论这些人或事物与她关系多么密切，所以她离开了马丁岬的别墅。她走后，巴多维奇独自居住在E.1027，柯布西耶经常前去做客。1938年柯布西耶造访这里时（或许就是为格雷写下溢美之词的那次），他问巴多维奇可否在屋里加几幅壁画。结果，出自柯布西耶之手的这几幅花哨扎眼的壁画，破坏了格雷的空间中原有的宁静与平衡。这些壁画与毕加索的作品颇为相似，描绘了搔首弄姿的裸体女人。或许是受年轻时游历阿尔及利亚那段经历的启发，他还画了一些看似后宫或妓院的场景。客厅里的一幅大型壁画描绘的是两个裸体女人，中间悬浮着一个孩子，其中一个女人胸前有个纳粹万字符——柯布西耶被指控同情纳粹，但他从未对此做出过令人满意的解释。这幅奇怪而具有挑逗意味的壁画想表达什么？是想象中的分娩场景吗？抑或是在映射格雷的性取向？

无论这些画对柯布西耶有着怎样的意义，格雷都对此感到相当震惊，她认为这些画破坏了她的房子。不过她尚未采取任何行动，直到1948年柯布西耶在期刊上发表了一篇关于这些壁画的文章。在一段文字中，柯布西耶居高临下地对这栋房子明褒暗贬了一番："我的画作为这栋房子带来了生机，但这房子非常美，就算少了我的才华，它也毫不逊色。"他盛气凌人地继续写道："我选出来画了九幅大型壁画的，是最苍白、最无足轻重的墙壁。"[8]更具羞辱性的是，整篇文章只字未提格雷。格雷的名字并非第一次被从史料中抹去，这正反映了建筑界由来已久、延续至今的性别歧视。在后来的几十年里，E.1027这件作品常常被归功于巴多维奇，甚至柯布西耶。

后来，巴多维奇致信柯布西耶[据格雷的传记作者彼得·亚当（Peter Adam）推测，这封信是应格雷要求而写]："这些年来，你为我建了一座多么狭窄的监狱，尤其是今年，你还借此展现虚荣心……（E.1027）是个试验场，它在形式上容不下绘画，它体现了这种态度的最深层含义。它是纯功能性的，这向来是它的优势。"而柯布西耶语带讽刺的回应，似乎是冲着格雷来的：

如果我没搞错的话，你内心最深处的想法是想让我以我在世界范围内的权威来发表声明，承认我的画作的介入，毁了你在马丁岬的房子展现的"建筑的纯粹性和功能性"。好，那就寄给我几张能展现纯粹性与功能性的照片……我将把这场辩论公诸于世。"[9]

这个回复龌龊而狡猾，且与他之前对别墅的溢美之词自相矛盾，也不折不扣地违背了他过去对壁画的看法。他曾写道："我承认，壁画无法给墙壁增色，反而会暴力地破坏墙壁，会消除墙壁的安定、稳重等感觉。"[10]

同一年，在写给巴多维奇的信中，柯布西耶又对这栋房子的诸多方面加以批评，其中最显而易见的是他对门厅屏风的反对。他认为它是"虚伪的"，建议巴多维奇把它撤了。屏风无疑能让客厅保持私密感，挡住访客的窥视。柯布西耶在E.1027画壁画，就和他设法移除入口处的屏风一样，是想让这别墅变得透明。他直接在屏风上画了一幅壁画（"一种破坏墙壁的暴力手段"），并把格雷的标语"不许笑"和"慢慢进入"融入了画面。通过象征性地移除墙壁，他似乎想看穿这间房子，而他绘制的情色场景，就是他幻想中偷窥到的画面。

柯布西耶创作这些壁画时，留下了一张非同寻常的照片。

照片中的他，除了嘴里叼着根烟斗外，一丝不挂，这也是他唯一一张裸体照片。他决定裸体作画，说明他一定清楚此举是对这个建筑空间施加的原始暴行。想要了解现代建筑中壁画引发的争议（其中性暗示的程度令人诧异），我们不妨参考现代主义先驱、奥地利建筑师阿道夫·卢斯的观点。卢斯是个重要人物，因为他是最早强烈抨击建筑装饰的人之一，他的观点预示了20世纪朴素的极简主义建筑外观。柯布西耶和格雷均从他的见解中获得了大量灵感。格雷的第一个建筑设计就是根据卢斯的一幅画做出来的。卢斯在1908年发表的论著《装饰与罪恶》中，提出了独到的见解："文化的演进，等同于除去日常用品上的装饰……装饰自己的脸和身边物品的欲望是美术的起源。这是幼稚的、含混不清的绘画语言。但是，所有的艺术都是情色的。我们这个时代的人，如果屈从于在墙上涂抹色情符号的冲动，那他就是罪犯或颓废者。"[11]

◇

　　卢斯在行文中十分重视呈现在公共空间中的立面与私人室内空间的区别。他设计的建筑物外表一片纯白，当时这被认为过于简单，甚至是裸露的。而在室内，他则创造出复杂的空间效果，并使用丰富多样的材料，例如大理石和毛皮，营造出感官上的亲密感。格雷继承了卢斯的室内设计风格；与之相反，柯布西耶则将卢斯空荡荡的立面效果延伸到室内，并以水平长条窗和混杂空间融合公共与私人领域，令人分辨不出哪里是室内、哪里是室外。建筑史学家碧翠兹·克罗米娜（Beatriz Colomina）在其著作《私密性和公共性》（*Privacy and Publicity*）中指出，柯布西耶非常清楚自己的建筑手法和卢斯之间的差异。他曾回忆道："一天，卢斯告诉我：'有教养的人是不会望向窗外的；他的窗户上安的是毛玻璃，窗户的存在仅是为了采光，而不是让视线穿过。'"[12]与柯布西耶倡导的透明性相对，卢斯的窗户通常借由嵌入墙内的家具、窗帘或屏风而显得隐蔽，日后格雷也运用这样的手法，让自己的室内空间变得繁复。在E.1027，柯布西耶想要亲手拆掉这些遮蔽物。

柯布西耶并非唯一有偷窥倾向的20世纪建筑师。透明度是现代建筑的普遍特色：从布鲁诺·陶特①1914年的玻璃亭②到诺曼·福斯特的"小黄瓜"③，在过去的100年里，传统石墙的不透明性逐渐被淘汰，取而代之的是缺乏实体感的透明性。这一发展背后固然有技术原因作为支撑：结构工程的创新，如钢筋混凝土架构和悬臂楼面，让建筑师得以除去承重墙，进而频繁使

---

① 布鲁诺·陶特（Bruno Taut，1880—1938），德国建筑师。
② 玻璃亭（Glass Pavilion），位于德国科隆，其圆顶由彩色玻璃构成。
③ 指位于伦敦的瑞士再保险大楼。

用玻璃和开放式平面。然而，高透明度不单单是科技进步的副产品——如果社会没有跟着发生变化，那么19世纪由玻璃构成的公共建筑，如水晶宫和帕丁顿火车站（Paddington Station），将无法衍化出今天的私人住宅。

工业革命后，原本似乎平稳的一切都陷入了危机，包括我们的关系、社会规范和建筑。正如马克思笔下的现代经验："所有具体之物皆化为空气。"前卫建筑师一开始便把19世纪装饰繁复的立面视为对资产阶级个人主义的保护，而建筑的透明度，则被视为对它的反抗。本雅明曾说："住在玻璃屋里，是一种卓越的革命美德。"[13]布鲁诺·陶特和保罗·希尔巴特①等先驱对此表示认同，并写下慷慨激昂的宣言，预言由玻璃屋组成的乌托邦将要诞生，在那里，每个人都能看到邻居的一举一动，虽然这在21世纪听起来像个独裁的地狱。玻璃屋也蕴含着略显古怪的生机论，并牵涉性的层面：裸露向来是关注的焦点，人们普遍相信身体应暴露在健康的新鲜空气里、沐浴在阳光下（这种观点在其起源地德国依然盛行）。哪里有性，哪里就有性别歧视。保罗·希尔巴特在1914年创作完成的小说《有10%白色的灰衣》（*The Grey Cloth with 10% White*）中，讲述

---

① 保罗·希尔巴特（Paul Scheerbart，1863—1914），德国表现主义作家。

了这样一个故事：一个有理想的建筑师娶了一个穿朴素灰衣的女人，这样，她的衣服就不会和他色彩缤纷的玻璃建筑形成冲突。他们婚姻的条件是，她以后必须穿着单调乏味的衣服，当一名配角，来衬托真正的明星——丈夫设计的透明建筑。

第一次世界大战后，这些先驱的欢乐修辞被严肃的客观性取代；而事实上，隐私与性也发生变化，它们永远不再重合。门厅、起居室、餐厅等19世纪住宅中精心分隔出的公共区域，逐渐丧失了各自的完整性，并与以前的私人空间相混合，客厅、厨房和餐厅常分布在一个开放的空间内。空间上的变化呼应着社会的变迁：庞大的中产阶级不再雇得起仆人，因此厨房成了摆阔的地方，亲朋好友齐聚在这里，庆祝烹饪的仪式，而这仪式，已被搬上抛光花岗岩操作台——名厨杰米·奥利弗（Jamie Oliver）如是说。

新的空间布局亦呼应着道德观的变化。维多利亚时代的拘谨观念消失后，性不再是说不得的话题、见不得人的行为。家里没了仆人，资产阶级便不再把"别在仆人面前这样"挂在嘴边，开放式的空间也融化了中产阶级住宅中僵化冷淡的氛围。这个过程从未停歇，于是墙体变成了玻璃，以前被视为私密的身体与动作，现在可以不加掩饰地公开，以前看不见的行为，现在藏都藏不住。名人的性爱录影带、电视里的真人秀和互联网上的色情内容，已经不可逆转地模糊了淫秽的传统定义；人们的一举一动都被国家通过闭路电视观察着，网上的所有思想都被美国国家安全局（National Security Agency）监控着。偷窥已成为现代人意识中的一部分，沉溺其中的远不止变态和波西米亚艺术家。最早在建筑上体现这种变化的，是兴建于20世纪初的建筑物，当时诸如柯布西耶等建筑师打破了现代房屋的墙壁，但是建筑和性的故事，实则可以追溯到更久远的年代。

◇

建筑向来在爱情故事中占有一席之地，它要么是故事的背景，要么扮演着更为主动的角色。最早的例子之一，是古罗马神话中皮拉摩斯（Pyramus）和提斯柏（Thisbe）的故事。故事中，这两个住在隔壁的年轻人不顾双方父母间的敌对关系而坠入爱河。这个故事被复制过无数次，其中以《罗密欧与朱丽叶》最广为人知，它的各个版本记录了几个世纪以来性与建筑的关系的剧烈变化。这个故事最早的版本，出自公元9年罗马诗人奥维德（Ovid）之手：

> 故事是这样发生的，
> 许多年前，这两家的房子之间立着一堵墙，
> 墙上有一道裂缝；

这裂缝存在已久，却始终没人发现，

但在爱情面前，哪有什么能躲藏？

…………

许多次，他俩站在墙的两边，

提斯柏在这边，皮拉摩斯在那边，

他俩轻碰双唇，传递着温暖的气息，

不免叹息道：

这充满嫉妒的墙啊，

为何挡住渴慕爱情的人？允许我俩享受爱情，

对你又何妨？

如果我们的要求太多，

请让我们接吻时说服你敞开一次就好：

因为我们不会忘恩负义；

我们已欠你一份情；你留下了一道缝隙，

让呢喃进入爱人的耳里。

他们徒劳地轻语。[14]

奈何这墙充耳不闻、铁石心肠，无视这对情侣的请求，于
是他俩相约夜半时分在一座荒凉的坟墓旁幽会。提斯柏先到

了，然而就在等待时，一只潜行的母狮把她吓跑了，匆忙中，
她遗落了面纱。母狮的嘴上还留着之前猎食时留下的血迹，而
提斯柏的逃跑无疑惹恼了它，于是它叼起面纱，向提斯柏逃跑
的方向追去。就在这时，皮拉摩斯来了，他遍寻爱人未果，却
在无意间发现了染血的面纱。他以为提斯柏已经被吃掉了，于
是拔剑自刎。此时，提斯柏再次出现，看到眼前的一切，她十
分悲恸，随即拔剑殉情。

这个故事除了警示人们守时的美德外，还暗示了建筑有可
能成为性的障碍，并警告若想逾越它，将面临怎样的下场。这
则故事可以被视为性与建筑的某种传说的起源：它提醒我们，
建筑最初的用途之一，是防止男女间逾矩的结合。在许多文化
中，墙壁向来扮演着阻挡不伦之爱的角色，至今依然如此：它
作为一种最原始的工具，预防着不忠、异族通婚与其他禁忌之
爱，迫使女性在婚后成为男性的财产。虽然讲述这个故事的罗
马诗人把故事背景设定在古巴比伦，但在一般人眼中的西方文
明发源地古雅典，也有同样的做法。彼时的雅典女性没有投票
权，不能拥有房产，她们被藏在丈夫房间最深处的角落里，被
隔离在"女眷内室"（gynaeceum）内，整日做针线活儿、生儿
育女，一夫一妻制借由建筑得以巩固。同时，男人们则在"专
用房间"（andron）里招待朋友，在这个公共空间里饮酒作乐、

爱抚妓女、洽谈生意。

雅典男性之所以能频繁地参与政治活动，是因为他们无须工作。所谓民主，是靠以建筑强行支配妻子换来的，像奴隶般劳动的妻子，为男性的休闲提供了本钱。雅典卫城伊瑞克提翁神殿（Erechtheion）支撑着门廊的女像柱，便充分体现了希腊建筑中女性的地位。这些巨大的女子塑像受困于建筑的重负，永远被奴役，以支撑囚禁她们的社会体系。女像柱在西方古典建筑中反复出现，则清楚地表明女性长期受到压抑。柯布西耶在格雷住宅的墙壁上画满情妇，无疑是一种开倒车的行为：他想把女性的房间变回后宫，也就是男性建造的监狱，它必须是透明的，以让男性监视。但他这样做为时已晚。

女性设法逃离建筑牢笼已有几个世纪。昔日的教会在两性之间建起了比实际墙体还要坚固的障碍，人们就这样度过了沉闷的数百年。然而，在奥维德之后1340年，薄伽丘的故事集《十日谈》为虔诚得令人窒息的中世纪注入了一股清新的空气。薄伽丘在皮拉摩斯和提斯柏的故事基础上进行演绎，在他笔下，发起私通的是个被心怀嫉妒的丈夫囚禁在家里的无聊主妇。尽管丈夫小心至极，这个女人还是在他们房间的墙上发现了一个洞，碰巧住在隔壁的是个有魅力的年轻男子。为了引起他的注意，她开始往洞里扔石头，随即两个人便开始悄悄恋爱。至此故事还带有希腊色彩，但接下来就不一样了。仅仅停留在语言层面的交流令女人无法满足，于是她开始琢磨着除掉丈夫这个障碍物。她利用丈夫的嫉妒心理，说他睡觉时有人闯进了屋里。愤怒的丈夫遂决定每天晚上守着大门，抓住这个幻影情人。就在他守门之际，邻居顺着墙上那个被他俩通力加宽的洞爬了过来，和女人上了床。

薄伽丘的故事表明，男性加诸女性身上的枷锁正在削弱：女主角运用智慧摧毁了建筑的束缚，自由享受性生活而无须受到惩罚。《十日谈》淫秽的笔调源于一套业已改变的性规范，即社会接受了不得体的性关系无须以悲剧收场、人性可以从中获得满足的事实。社会变了，个人的智慧和机敏比中世纪的虔诚更受重视，不再适用的社会道德被视为弄巧成拙的蠢行。不过，尽管薄伽丘的墙比奥维德的无情石墙更易攻破，但它仍是一堵墙，女性仍被困在丈夫的屋里。

到了文艺复兴时期，情况又变了。在《仲夏夜之梦》中，皮拉摩斯和提斯柏的故事被一群"粗鲁的工匠"取代，这迎合了贵族观众的喜好，也挑战了他们的禁忌。无论这些势利的观众能否买账，总之这群劳工预示了群众社会和民主化艺术的来临，剧中处理性欲望的方式，也显示了在现代性初露端倪的时代性的本质有多么不稳定。重要的是，《仲夏夜之梦》中的墙是有生命的，是这段禁忌关系的主动参与者。这会说话的墙由补锅匠汤姆·斯诺特（Tom Snout）扮演："这土、这石灰、这石头表明，我还是那堵墙，一点也不假。"

这个转变过程就是现代化过程中"物化"的早期范例。"物化"（德语为"verdinglichung"，字面意思即"变成东西"）的起因是人们未能察觉到资本主义形塑社会的力量：人们没有意识到价值是由凡人的日常工作创造的，于是借由物化，东西（商品）的价值似乎变得与生俱来，继而物成为几乎与人类一样的社会行为者（social actor）——市场被赋予个性："行情看涨""表现强劲""令人忧心"等表述应运而生。物化让人造的物体看似本来就具有生命，而活生生的人却被商品化、物体化，变得像物体一样，因为他们唯一可以出售的就是自己——自己的时间、自己的劳动。这些明显相互冲突的力量互相较量，结果就是，原本由人建造的、可被摧毁的墙，变成了上帝设下的障碍，能以自己的方式与人互动。同时，补锅匠汤姆·斯诺特变成了一堵墙，他的社会地位由此而僵化。

莎士比亚不仅在资本主义社会发轫之初就看到了物化的过程，还预见到这一过程会发生在人类的性欲中——这便是恋物癖。正如墙会从社会生产网络中脱离、有了生命并开口说话，个别物体或身体部位，无论是脚还是鞋子，也会从身体上脱离，成为爱的完整客体。在《仲夏夜之梦》中，墙不再单单是障碍物；它是共谋，情侣命令它打开缝隙时，它会做出反应。这出戏进一步发展了奥维德的主题，将皮拉摩斯对提斯柏的爱投射到了墙上："墙啊！亲爱的、可爱的墙啊！"他边说边把双唇贴在了石墙上，由此，墙成了恋爱对象。从某种意义上讲，这比薄伽丘的故事更倒退了，因为在薄伽丘的故事中，智慧战胜了墙，而在这里，墙与人的性欲合为一体。偷窥行为就是这样开始的，因为对于偷窥者来说，无论在物理上还是心理上，墙都是必要的。他不希望他的视线毫无阻碍；他（通常是男性）必须要看，并要和他爱的客体分离，保持不被看到。因此，尽管真实的墙被逾越了（就像薄伽丘的故事中那样），但是性压抑的建筑已进入人类意识中。

　　相比奥维德或薄伽丘，莎士比亚的手法更深入心理层面，这种内探的过程是现代性的另一种症候。这种内向性在另一种故事叙述中登峰造极：弗洛伊德深层心理学的伪科学叙事。1919 年，弗洛伊德在名作《暗恐》（"The Uncanny"）一文中讲述的故事，比他对压抑和偷窥的观点更值得玩味。"暗恐"一词对应的德文"unheimlich"即"非家"之意，这篇文章则是一个生动的建筑隐喻。弗洛伊德在文中讲述了一段不可思议的亲身经历。

一个炎热的夏日午后，我漫步在意大利的一个小镇上，赫然发现自己置身于一个区域，那里的特色令我久久难以忘怀。放眼望去，只有浓妆艳抹的女人倚在小屋的窗前，于是我赶紧在下一个转弯处离开了这条狭窄的街道。但我没有问路，继续走了一会儿，却发现又回到了刚才那条街上。我的出现开始引起人们的注意。我再一次匆匆离开，却从另一条路又回到了那里。此时，我浑身充满只能以"暗恐"来形容的感觉。高兴的是，几经周折，我终于回到了刚刚离开的广场。我不愿再踏上探索的旅程。[15]

根据弗洛伊德的叙述，就好像是"非家"的建筑在勾引他：城市中的建筑呈现出的热情的南方格调，引诱他走上一条难以脱身的狭窄街道。但在这个故事中，究竟谁是真正的囚徒？女性的凝视把弗洛伊德囚禁在恐惧感中，但他可以自由地逃回广场，过体面的公共生活。另一方面，妓女们被囚禁在妓院里，或许一踏进镇上较正派的区域，就会被逮捕。正如今天阿姆斯特丹红灯区的景象：窗户的透明度无法改善这些女性像古希腊女像柱一样受困于建筑的状况。这再度证明，建造透明建筑并非中性策略，而是别具性别暗示：男人可以往里看，但女人不应往外看。男性偷窥狂的另一面就是一种建筑妄想症，此间，房子的窗户代表对女性凝视的恐惧。在现代作品中，"回看"越来越普遍，马奈（Édouard Manet）散发着傲慢气息的《奥林匹亚》（*Olympia*）就是一个典型的例子，而这幅画引发的愤怒，正反映了男性大众的歇斯底里。女性不再仅仅作为被观察的对象，她们也成为观察者，而弗洛伊德的"非家"感受，实则表达的是男性在他们习惯的性别角色被翻转后所感受到的惊讶和恐惧。

19世纪末20世纪初，性别角色的变化加速，女性开始争夺建筑环境的掌控权，并取得了一定的成效。这场战争在文学上的表现，就是弗吉尼亚·伍尔芙的名作《一间自己的房间》（*A Room of One's Own*）。伍尔芙问：为什么女性艺术家如此之少？其结论是，这与经济和空间有关，并主张"女人要想写小说，就必须有钱和自己的房间"。作品结尾处，伍尔芙一发而不可收，想象着女性借由各式各样的创作，终将逃离囚禁自己的内室："女性已经待在室内几百万年了，而此时，墙壁已被她们的创造力渗透，这股力量已超过砖和砂浆的负荷，必须通过钢笔、画笔、商业和政治，才能得到发挥和利用。"[16]

巧的是，伍尔芙出版《一间自己的房间》这一年，格雷的E.1027也落成了。格雷的别墅是首座由女性建筑师完成的现代建筑，看起来像个大号的"自己的房间"，也像火山喷发一般，表达了伍尔芙笔下女性长期受到压抑的创造力。但略微不同的是，正如它密码式的名字所示，E.1027并非格雷自己的房间，而是她和情人巴多维奇的。这栋房子一开始就把两人关系的限制包含在内，格雷最终亦受困于这段关系，逃离了这座自己建造的监狱。事实上，她去了阿尔卑斯的山村卡斯泰拉（Castellar），在那里，她建了一栋独属于自己的房子，但"二战"爆发后，她还是被迫离开了。或许，无论如何她都会离开；她曾说："我喜欢做东西，但是我讨厌占有。"[17]对她的心灵来说，砖头和灰泥的负担太过沉重，沉重到让她牺牲了自己最为珍视的自由。自己的房间并非自主性的终极表达，而是另一处陷阱，在这里，资产阶级的内向性（想想伍尔芙的意识流）取代了自由。自己的房间终究是财产、是商品，是一系列把我们与他人隔开的墙。

这些故事中出现的建筑恋物癖，象征着现代情境下的物化，而在有些例子中，这种象征爆发出惊人的生命。1979年，一个名叫艾嘉·丽塔（Eija-Riitta）的女人嫁给了柏林墙，因此拥有了一个奇怪的姓氏"柏林莫尔"（Berliner-Mauer，即德语"柏林围墙"）。有此偏好的不止柏林莫尔太太一人，她是自称"恋物"（Objectum Sexuals）的团体中活跃的一员，该群体的创建者名叫埃里卡·埃菲尔（Erika Eiffel），她嫁给了……嗯，想必你已经猜到了。恋物者因共同受到无生命物体的吸引而聚集到一起，尤其是大型建筑物，虽然柏林莫尔太太解释说："我觉得其他人造的东西看起来也不错，比如桥梁、篱笆、铁轨、大门……这些物体有两个共同点：它们是矩形的，有平行线，而且都分割着某些东西。这就是它们的实体吸引我的地方。"重点在于，吸引她的，是"分割"。

　　恋物癖似乎是性欲受损所导致的行为，看似荒谬，却真实存在，莎士比亚已在《仲夏夜之梦》中提到过这种倾向，只不过上述案例较为极端。当皮拉摩斯和提斯柏把他们的爱情转移到立在他们之间的那堵墙上时，对他们来说，那堵墙是活的，会做出回应。这时，他们进入了浮士德式的物化交易，这让世界有了生命，却使灵魂静止不动。柏林莫尔太太是个极端的例子，尽管柏林墙残忍地分隔着真正的情侣，但它具有更强的催情能力，就像大卫·鲍伊（David Bowie）在歌曲《"英雄"》（"Heroes"）中唱道的那样。乍听之下，鲍伊似乎在歌唱两个被铁幕分隔的英雄情侣，但若仔细听并注意歌名中的引号，便能理解他其实唱的是一对站在墙的同一侧拥吻的情侣：在他们的想象中，这堵墙是永恒不变的结构，能"永远永远"打败另一侧的"耻辱"。

　　事实上，鲍伊是以制作人托尼·维斯康蒂（Tony Visconti）

和他的西德女友为蓝本，嘲讽这对在柏林墙西侧假扮英雄的情侣。他们接吻时，把自己的爱情想象成一种蔑视之举，事实上，这堵墙对他们来说不过是种催情剂。具有讽刺意味的是，鲜有人理解这首歌的真意，它反而极大地在西方人心目中树立了柏林墙的浪漫形象，无怪乎无数人仿照歌曲中描述的方式前去幽会。对于鲍伊的听众和对冷战时期的柏林抱以浪漫想象的人来说，柏林墙只是一道象征性的分割。把墙用来催情的更具体案例，发生在男同性恋的寻欢行为中，此间，"鸟洞"（glory hole）让参与者匿名化，进而将性行为匿名化。

鸟洞是指在公共厕所的隔板上切出来的洞，借由这个洞，双方在隔板两侧交媾。不难想象，这源自未公开性取向的同性恋者必须匿名、以维护自己声誉的压抑年代。而鸟洞的持续沿用，则说明隔板和匿名的概念有着经久不衰的催情力。鸟洞将阴茎与身体分隔开来，将情侣简化为纯粹的性器官：除了肿胀外，不具备任何人性特质——此间，便显现出了恋物特质。和柏林莫尔太太的情况一样，在这里，"分割"是关键：分割人，也分割身体。一方面，这是可悲的，因为这说明物化会大幅度地改变人类的灵魂；但另一方面，这又令人鼓舞，因为这也说明人类性欲的力量能克服各种阻碍，即便在这过程中，是以部分障碍被内化为代价。不无讽刺的是，这个内化过程呼应了开

放空间中真正的墙壁变得透明或开始消融的倾向。早期文明的
实体阻隔退去了，在薄伽丘写作的现代资本主义之初作短暂停
留后，心灵的阻隔取而代之。

最后一个建筑色情作品的例子，讲述的是当我们想拆除墙
壁、不想住在墙内时，会发生什么状况。赖纳·维尔纳·法斯
宾德①的电影《玛丽亚·布劳恩的婚姻》（ *The Marriage of Maria
Braun* ）讲述了一个女人在战后德国伪善的物质世界中为生活
而打拼、力图出人头地的故事。虽然这部电影可以被解读为对
德国分裂时期西德命运的影射，但在影片中，柏林墙并没有出
现，其他分割性的结构物取代了它。

故事的开头，是同盟国进攻柏林前夕玛丽亚结婚的场景。
开场镜头中，挂在墙上的希特勒照片被炸落，透过墙上的洞，
可以看见玛丽亚正和伴侣在登记处办理结婚手续。战后，玛丽
亚以为丈夫已经死了，于是，她必须靠自己活下去。她一度毫
不犹豫地利用自己的色情资本，必要时便和任何能让她生存下
去的人上床。在这个过程中，她从战后清理废墟的"瓦砾女"
（Trümmerfrau）慢慢上升为秘书，后来又成为一家西德大企业
的主管。她终于有钱了，足以买下经济独立与资产阶级功成名

---

① 赖纳·维尔纳·法斯宾德（Rainer Werner Fassbinder，1945—1982），德国电影导演。

就的终极象征——自己的房子。就在这时，她发现家是一座监狱，自己看似飞黄腾达，实则坠入了地狱。影片的最后一幕颇具暧昧色彩：她点烟时没关煤气，不小心炸掉了房子，她和丈夫亦葬身火海。

电影的结尾与开头，呈现的均是爆炸和一片瓦砾。但是，玛丽亚真的是死于意外吗？或许玛丽亚的自我献祭，是设法逃离建筑陷阱的最后尝试——我们自以为拥有建筑，但实际上是建筑拥有我们，它把性欲局限在资产阶级住所的四壁之内。玛丽亚的举动，表现出了本雅明所谓的"破坏性性格"："其他人看到的是墙或山，他看到的仍是一条路……一切存在之物都被他变成废墟——这样做不是为了把它变成废墟，这只是穿越的方法。"[18]而法斯宾德的看法是悲观的，他认为这种解脱只能与死亡相伴。

◇

本章故事的最后一幕，始于另一场爆炸。1944年，节节败退的德军轰炸圣特罗佩（Saint-Tropez）时，格雷在镇上租的房子，连同她大部分的图纸和笔记本，一并被毁。德军还洗劫了她在卡斯泰拉的房子，并把E.1027的墙壁当作练习射击的靶子——那出自柯布西耶之手、带有纳粹万字符的画面被射得千疮百孔，就好像在这里执行过死刑一样。格雷毕生的心血之作一朝被毁，绝望的她搬回了巴黎。后来，她在圣特罗佩附近的乡村建了另一栋房子，此间，她以75岁的高龄亲自监工，余生再也没有回过E.1027。

然而，柯布西耶对E.1027的热情，并没有随岁月的流逝而消退。他买下一块能俯瞰格雷别墅的土地，并于1952年在那里建了一个木制"小屋"（cabanon，法国南部对牧羊人小屋的称呼）。这个只有一个房间的度假小屋，是他送给妻子伊冯（Yvonne Gallis）的礼物；和E.1027一样，也是极简主义的杰作。虽然屋里被削减到只留下最基本的必需品，但是14平方米的面积却丝毫不显拥挤。假天花板上方有储物空间，家具大多是内嵌或折叠式的，窗帘后方，藏着柯布西耶称通风良好的洗手间。小木屋无须设置厨房，因为有一扇门直通柯布西耶最喜爱的当地餐馆，他和妻子每天都光顾那里。

柯布西耶的小屋和格雷的别墅均是极简之作（前者比后者更为简朴），但从柯布西耶小屋的窗户，就能看出二者巨大的差异。这间小屋并没有像柯布西耶的多数作品那样采用大片玻璃窗，只设置了两扇可供俯瞰大海的方形窗户。窗户的百叶遮板上，画着一对颇具暗示意味的情侣；对面的墙上，则画着一头带有巨大阳具的巨型人牛结合体。这是偷窥主义的经典案例：柯布西耶为别人的房子设置的窗户，是为了让人看进屋里，而在唯一为自己建的房子里，他设置的却是供自己向外看的带有百叶遮板的窗户。他曾经写道："只有在观看时，我才算活着。"小屋就像观鸟者在悬崖上的藏身之处，而百叶遮板内侧的图案就像他在E.1027画的壁画，是他希望看到的奇观，好像是某种能引起共鸣的神奇魔咒。

柯布西耶对E.1027的兴趣并没有因小屋的建造而停止。巴多维奇去世后，E.1027由他在罗马尼亚当修女的妹妹继承，最终被拍卖。或许柯布西耶担心自己出面喊价会引来不必要的注意，于是请瑞士朋友玛丽-路易丝·舍尔伯特（Marie-Louise Schelbert）代他出面。尽管希腊船王奥纳西斯（Onassis）出价更高，但柯布西耶在幕后动用他的影响力，协助舍尔伯特拍下了这栋别墅。在接下来的几年里，他坚持让舍尔伯特把别墅维护好，不让她移除家具。只要柯布西耶住在自己的小屋，就会定期造访这座位于同一条路上的别墅，直到有一年夏天，他死在了别墅下方的海滩上。

随着柯布西耶的去世，我们的故事回到了原点。但是，关于E.1027的奇谈，并没有就此停止——故事不但没有结束，其基调还发生了大幅度的变化：我们不再听到性执念的故事，而更像在翻阅廉价的机场惊悚小说。1980年，一个名叫海因茨·彼得·卡奇（Heinz Peter Kägi）的医生从E.1027搬走了大部分家具，并把它们连夜送回他在苏黎世的家中。三天后，他的病人玛丽-路易丝·舍尔伯特被发现死在了自己的公寓里，而E.1027的所有权则被移交给卡奇。舍尔伯特夫人的孩子怀疑这其中有猫腻，在法律层面对遗嘱提出了疑义，但最终还是不了了之了。

当地人谣传，卡奇曾在别墅里开派对，用毒品和酒引诱当地男孩，直到1996年的一天晚上，在闺房里被两名年轻男子杀害。凶手在试图越过瑞士边境时被捕，声称卡奇雇他们打理花园却不付工钱；最终他们被关进监狱。由于长期疏于照料，E.1027沦为一片废墟，被人擅自闯入，剩下的家具不是被盗就是被毁。不少人曾试图抢救这栋建筑，但均不见成效，直到修复柯布西耶壁画的计划生效，这座房子才获得法律保护。令人唏嘘的是，正是得益于柯布西那些不受待见的装饰，E.1027才捡回一条命，成了今天备受关注的历史纪念碑。然而，由于多年来的经费不足，外加修复过程饱受批评，别墅至今仍未重新开放。

E.1027究竟在纪念什么？它无疑纪念着女性最终赢得建筑权力的那一刻，而女性的努力也未曾中断，毕竟虽然扎哈·哈迪德（Zaha Hadid）等女建筑师取得了引人瞩目的成功，但建筑仍是一个以男性为主导的行业。而E.1027亦纪念着更难以

捉摸的事：抵抗的片刻。墙借由物化和恋物的双重过程而内化
或许是无法避免的，即便格雷不断迁徙、重新开始，终究还是
无法解脱。她难以安顿的状况，与难以减损的现代主义要务如
出一辙，一如布莱希特的诗作《掩盖你的足迹》（*Cover your
tracks*）所描述的：

如果下雨，就走进任何一间房屋，坐在那里的任何一把椅
子上。

但别坐太久。也别忘了你的帽子。

我告诉你：

掩盖你的足迹。

无论你说什么，不要说两次。

如果发现别人用了你的想法，就把这想法抛弃。

一个没有在任何地方留下签名、留下照片，

任何时候都不在场、什么也没说的人：

怎能逮到他呢？

掩盖你的足迹。[19]

但是，无论我们多少次抛下家当、逃离不满意的关系——
住在像E.1027那样布满为适应居无定所的现代环境而打造的露

营式便携家具的房子里，或像本雅明那样提着难民的手提箱离开——我们都无法甩开灵魂的家具、摆脱留恋着却也牵绊着我们的事物。然而，就算格雷的房子没能摆脱传统住宅根深蒂固的资产阶级属性，它仍然成功地抵抗了另一种现代性的进程：激进地移除墙壁——这种做法的主要倡导者便是柯布西耶。柯布西耶倡导的透明性似乎是处理人类性欲的乌托邦式手段，目的在于拒绝接受资产阶级的压抑。然而，柯布西耶的偷窥已然超越了这层含义，此间，透明成为一种近乎独裁的做法，与人类的性欲背道而驰。只要看看《老大哥》[1]或造访裸体主义者营地，就能明白完全裸露有多么败胃口、令人性欲全无。的确，当企业纷纷用建筑上的透明度来象征实际并不存在的组织透明度时，"透明度"这个概念原有的乌托邦色彩即变得比打造建筑的玻璃更脆弱。格雷的房子以水平长条窗、屏风和障碍物，一方面在某种意义上趋于透明，同时也试图英勇地抵抗着透明度的负面含义（尽管做了妥协）。在这个网络摄像头、玻璃高楼、闭路电视、成人片和真人秀遍地的时代，能否逃离全盘的透明度，则是另一个问题。

---

① 《老大哥》(*Big Brother*)，一档诞生于荷兰、红遍英美等国的真人秀节目。参与者要设
　 法不被驱逐、留在节目中的住宅里。获胜者可获得高额奖金。

第九章

芬斯伯里医疗中心，
伦敦
（1938 年）

建筑与健康

　　在我的孩提时代，我以为《圣经》里没有一个人物的命运像诺亚那样悲惨，因为洪水使他被囚禁于方舟达四十天之久。后来，我经常患病，在漫长的时间里，我不得不待在"方舟"上。于是我懂得了诺亚曾经只能从方舟上才如此清楚地观察世界，尽管方舟是封闭的，大地一片漆黑。

　　　　　　——普鲁斯特，《欢乐与时日》（*Pleasures and Days*）[1]

　　一天夜里，乌烟瘴气的伦敦正在施行灯火管制，黑暗中隐约有人影出没。他们头戴钢盔，手提装满沙子的桶，除此之外没有别的装备，就这样站在高楼和屋顶上观望，警惕着随时可能从天而降的德军燃烧弹，时而目不转睛，时而冷漠倦怠。其中有个看守者是名印度移民，他就是楚尼·莱·卡蒂亚尔（Chuni Lal Katial）医生。

　　卡蒂亚尔医生相貌英俊，心怀社会主义理想，且交游广泛（1931年的一张照片，便是他与卓别林和甘地的合影），不久后，他成为英国首位亚裔市长。战前，他曾任芬斯伯里（Finsbury）公共卫生委员会会长。芬斯伯里是伦敦内城的贫困地区，卡蒂亚尔执行消防警备任务时，最担心的就是自己的心肝宝贝被焚毁或炸坏。这个心肝宝贝就是芬斯伯里医疗中心（Finsbury Health Centre）。经过长期的艰苦斗争，卡蒂亚尔兴建了这座启用于1938年的医疗中心。现在，它的周围堆满沙袋——这是必要的防护措施，因为它的立面由颇具现代建筑特色的玻璃砖构成（玻璃已因不堪重负而裂开，但除此之外，这

座建筑的其他部分毫发无损）。对于医疗建筑来说，较高的透明
度还有另一层寓意：健康。现代人向来认为阳光能给房屋带来
生气，玻璃立面则能引入具有疗愈功能的日光，而这座在夜晚
散发着光芒的医疗中心，更是有如一座灯塔，照亮污秽阴暗的
贫民窟。但是，眼下为了免遭纳粹空袭，灯光被熄灭了。

　　我在讲述建筑与健康的故事时没有直奔主题，并非仅仅为
了制造戏剧性效果。战争或许不是一切事物的起源，但它无疑
是现代医疗保健的起源。随着民族国家和帝国主义的兴起，组
建职业常备军的需求日益凸显，这促使官方开始关注人民的体
格和健康状况。18世纪英国的陆军与海军医院一度启发了全欧
洲的建筑师，而克里米亚战争（Crimean War，1853—1856）期
间极为恶劣的医疗环境，则促使弗洛伦斯·南丁格尔（Florence
Nightingale）长期致力于推动英国医院的改革。在后来的布尔
战争（1880—1902）中，志愿军恶劣的健康状况令整个英国蒙
羞：只有2/5的军人能打仗，这导致人们担心兵力不足、战败
国亡，进而为改善工人阶级生活环境提供了动力。

　　虽然实施了改革，但是直到20世纪30年代，全英国的卫
生条件依然令人担忧。当时的头号杀手是肺结核，每年造成
三万至四万人死亡，这显然和人口过于稠密、卫生条件差脱不
开干系。比如，挤满穷人的芬斯伯里便是疾病的温床。芬斯伯

里的住房状况令人大跌眼镜：多达2500个地窖被用来睡觉和生活，30%的人口两人或多人共住一室。因此，芬斯伯里的男性平均预期寿命为59岁，死亡率比人口密度低得多的汉普斯特德（Hampstead）高18%。此间，除了战争和岌岌可危的帝国地位外，芬斯伯里等地出现了改善医疗状况的新思潮：市政社会主义（municipal socialism）。

　　1934年，工党首次在芬斯伯里所属的自治市和整个伦敦的议会胜选，这一巨变催生了"芬斯伯里计划"（Finsbury Plan），这项计划旨在整顿贫民窟，建设学校、住宅和医疗设施，而最初的一项成果就是芬斯伯里医疗中心。该医疗中心服务类型齐全，免费向公众开放，堪称日后英国最伟大的制度——英国国家医疗服务体系（National Health Service，NHS）的先驱。彼时，这座建筑有着清晰的政治意义，也引起了严重的争议。在1942年阿布拉姆·盖姆斯①设计的战时宣传海报中，芬斯伯里医疗中心的立面后方，藏着一个站在脏兮兮的地下室里、患有佝偻症的男孩。画面上还印着一句含义暧昧的标语："你的英国：马上为它而战。"战争时期的内阁讨厌这幅画，丘吉尔下令将其全部销毁。"丘吉尔或许是战争时期的伟大领袖，"盖

---

① 阿布拉姆·盖姆斯（Abram Games，1914—1996），英国平面设计师。

姆斯后来回忆道，"但他从未去过贫民窟。我把战争视为令英国浴火重生的催化剂，但我觉得他把支持福利国家的人看作共产主义者。"[2]

财富向来与健康和建筑息息相关。20世纪以前，医院只是穷人去的地方，富人可以舒舒服服地待在家里，请医生上门服务。这使得人们在生病时的体验大不相同。由于药物的功效亦存在差异，穷人很少能活着离开肮脏的医院。

马塞尔·普鲁斯特生于一个优渥的家庭，从小体弱多病。他的父亲是位著名的医生，其著作《神经衰弱患者保健法》（ *The Hygiene of the Neurasthenic* ）读起来就像他儿子的症状清单。普鲁斯特一生饱受疾病折磨，生命的最后三年更是把自己关在隐蔽的房间里，房间的墙壁上包着软木，以隔离会令他病情加重、工作分心的声音、气味和阳光。后来，巴黎的卡纳瓦雷博物馆（Musée Carnavalet）在馆内重建了这个房间，但墙上包的是新软木，因为普鲁斯特曾在房间里燃烧抗哮喘粉剂，把墙壁上的软木熏黑了（可惜这些药物和种种令他上瘾的兴奋剂、镇静剂一样，对他的健康没有任何好处）。就是在这种与世隔绝、时而恍惚与兴奋的状态下，普鲁斯特回忆起过往的人物，描写出对时间的奇想，诉说着疾病带给他的失真感。

疾病也会影响我们对空间的理解：发烧让人感觉墙壁在

晃；体弱多病者常常匆匆往返于卧室和厕所，这两个地方仿佛就是他们的全部世界。对于羸弱的人来说，世界就像一个怎么也征服不了的障碍训练场。建筑与健康的关系不仅仅体现在重大疾病、医院和诊所上，更体现在日常生活中。

早在芬斯伯里医疗中心成立的十年前，泰晤士河南岸就曾开展过旨在促进居民日常生活健康的"佩卡姆①实验"（Peckham Experiment）。这个项目由英尼斯·皮尔斯（Innes Pearse）和乔治·斯科特·威廉姆森（George Scott Williamson）两位医生发起，希望通过研究工人阶级社群的健康状况和生活习惯来寻求改进之道。和当时的许多改革者一样，他们的目标是促进优生——"确保只有合适的人才能结婚生子。"因此，这个实验以小型的社区俱乐部作为开始：处于生育年龄的当地家庭每周缴纳六便士，便可以使用托儿所、律师服务、洗衣房和社交俱乐部。[3]作为交换，医生则可以对成员进行定期检查。他们发现当地人的健康状况非常糟糕，据他们估计，只有9%的人没有"疾病、失调或失能"，因此他们决定在佩卡姆建立功能更完善的保健设施。

在同样关心着国家生殖健康的富有慈善人士的资助下，皮

---

① 佩卡姆（Peckham），伦敦东南部的一个区域。

尔斯和威廉姆森委托建筑师欧文·威廉姆斯（Owen Williams）
建造了一座闪闪发光的玻璃建筑：先锋保健中心（Pioneer
Health Centre）。这座建筑备受好评，就连包豪斯学校校长格
罗皮乌斯都称赞它是"砖石沙漠中的玻璃绿洲"。中心启用于
1935年，是个设有中庭的三层楼建筑，底层为游泳池。从楼
上的咖啡厅和工作室可以俯瞰游泳池，之所以这样设计，是希
望他人运动的场景能够激励大家加入运动的行列。这也概括了
佩卡姆实验的整体哲学：医生不会耳提面命地告诉大家要改善
生活，而是用实例向大家展示何谓更好的生活，让人们从中学
习并受益，继而把经验传递下去。因此保健中心的立面是透明
的，像做广告一样面向整个社区宣传健康生活的理念。尽管这
里摆出了低姿态，但这种做法背后实则以优生理念作为支撑：
只有基因值得留存下来的人，即懂得为自己负责任的人，才会
受益。相应地，建筑必须具有较高的透明度，以便医生观察实
验对象，"透过中心的玻璃墙观察实验对象，就像细胞学家透过
显微镜观察细胞生长"。[4]

　　相比之下，芬斯伯里医疗中心的规划目标大不相同。佩卡
姆不是贫民区，其居民大多是小店店主和有一技之长的工人；
而芬斯伯里是个穷得多的地区，居民的健康问题也严重得多，
卡蒂亚尔对这一点再清楚不过。所以规划医疗中心时，他设想

的是一个可以治病的地方，而不是把它当成观察人类的培养皿。1932年，他在英国医学会（British Medical Association）的会议上找到了参照对象。当时，一家名为泰克顿（Tecton）的建筑事务所在会上展示了东伦敦肺结核疗养院的提案图纸。这座疗养院是典型的现代设计，一群年轻建筑师渴望以此立足于世界。

现代主义与肺结核亲密地跳起骷髅之舞其实并不意外。当原本分散在乡村的人口聚集到了肮脏的工业城市，传染病的发病率便随之增多，到了20世纪初，肺结核已成为欧美国家成年人的头号杀手。在发现导致肺结核的细菌之前，人们以为这种疾病是不良的空气质量、灰尘和遗传所致，直到1882年罗伯特·科赫①在显微镜下发现蠕动的结核杆菌，才证实了接触传染的可能性。但在1946年发现抗生素疗法前，一套兼具魔法与象征色彩的古怪疗法一直被当成正统疗法。当时人们认为阳光、新鲜空气和休息可以抵御肺结核，因此大批富裕的患者前往阿尔卑斯山朝圣，进行长期"治疗"。托马斯·曼在1924年出版的小说《魔山》（*Magic Mountain*）中记述了这一现象：傻乎乎的汉斯·卡斯托普（Hans Castorp）去山间拜访正在疗养肺

---

① 罗伯特·科赫（Robert Koch, 1843—1910），德国微生物学家、医生，于1905年获诺贝尔奖。

病的表兄,却发现自己适合留在这个病人的"世外桃源"。刚从"平地"(病人对外界的蔑称)来到这里时,卡斯托普看到一座长形建筑,上面"整整齐齐地排列着许多阳台,每当华灯初上,看起来就像海绵一样,满是凹痕和孔隙"。[5]阳台是疗养院的基本元素,病人每天需要躺在这里进行两小时的"新鲜空气疗法"(Freiluftkur),这使得他们的躺椅也成为现代设计的主要产品。阿尔瓦尔·阿尔托①的帕米奥椅(Paimio Chair)就是知名案例,这把椅子供他所设计的芬兰帕米奥疗养院使用。

卡斯托普钟情于疗养院的情结,也体现在欧洲各国的设计师身上。他们把包豪斯大师拉兹洛·莫霍利-纳吉②所谓的"视觉卫生"应用在机构和住宅建筑上,运用大窗户、平屋顶(供人做日光浴,无论天气多么恶劣)、镀铬家具、白色墙壁打造出诊所式外观,这也让建筑师头顶多了一道医学的专业光环。此间的隐喻常被人拿来开玩笑——奥地利作家罗伯特·穆齐尔(Robert Musil)在《没有个性的人》(*The Man Without Qualities*)中写道:"现代人生在医院、死在医院,因此也该住在像医院的地方。"[6]卫生是强有力的现代主义修辞,它具有

---

① 阿尔瓦尔·阿尔托(Alvar Aalto,1898—1976),芬兰建筑师,现代主义建筑倡导者之一,"人情化建筑"的提倡者。
② 拉兹洛·莫霍利-纳吉(László Moholy-Nagy,1895—1946),匈牙利艺术家。

多面性，几乎可以代表任何概念。新颖和干净不单单是美学
选择，还代表着对现代都市紧张生活的排斥，约瑟夫·霍夫
曼（Josef Hoffmann）为精神紧张者兴建的普克斯多夫疗养院
（Purkersdorf Sanatorium）便是一例。这座疗养院位于精神病患
者之都维也纳的郊外，建筑物通体白色，散发着宁静的气息，
马勒、勋伯格和施尼茨勒①都曾在这里疗养。但若是居心叵测，
"卫生"便可能指向"种族卫生"，即"优生学"，正如佩卡姆实
验所秉承的理念。另一方面，"卫生"也可以用来否定中产阶级
拥挤居室背后的资产阶级传统，矫正工业社会中脏乱分布不均
的状况。这方面不妨以荷兰希尔弗森（Hilversum）著名的阳光
疗养院（Zonnestraal）为例。

　　阳光疗养院建于1925—1931年间，出自荷兰建筑师贾
恩·杜克（Jan Duiker）和伯纳德·毕吉伯（Bernard Bijvoet）
之手。它以几乎察觉不到的混凝土结构赞颂着阳光的疗效，同
时，它也具有政治启蒙意义：这所疗养院并非仅供体弱多病的
富人使用，因为这里的业主是荷兰钻石工人工会——荷兰最大、
最富有的工会组织。钻石业利润高，风险也高，因为生产过程
中亮晶晶的粉尘会磨损肺部。工会从利润中拿出了一部分，兴

---

① 施尼茨勒（Arthur Schnitzler，1862—1931），奥地利作家。

建了这座亮晶晶的疗养院，供工人们在这里呼吸从附近森林飘来的有益健康的松木香气。

在国际上兴起的这股现代设计风潮夹带着社会意识和卫生观念，芬斯伯里医疗中心便诞生于这股风潮之下。医疗中心项目的主要负责人贝特洛·莱伯金（Berthold Lubetkin）和现代主义渊源颇深。莱伯金1901年出生于格鲁吉亚梯弗里斯（Tiflis，今第比利斯）的一个富裕犹太家庭，1917年，他前往莫斯科学习艺术，在自己卧室的窗前目睹了革命的展开。青年时期接触的激进政治思想和弥漫在俄国艺术中的浓郁革命气息，影响了他一生的建筑理念。在他的记忆中，那段时间"历史冲破了一切日常规范的障碍"，充满"开放和狂喜"。莱伯金反感后来斯大林的教条，他不无遗憾地补充道，那是一个"短暂的自由时期"。[7]莱伯金曾旅居欧洲十年，在巴黎期间曾师从教过柯布西耶的混凝土先驱奥古斯特·佩雷特①，1931年，莱伯金辗转来到伦敦。

和许多逃离欧洲专制政权的难民不同，莱伯金没有离开英国。有人觉得相对开放的美国更有吸引力，于是转移到美国发展，莱伯金却在古老沉闷的英国发现有机会同一群才华与抱负

---

① 奥古斯特·佩雷特（Auguste Perret，1874—1954），法国建筑师。

兼备的年轻人大展宏图。这里的现代主义圈子虽然不大，却很
活跃，莱伯金与志同道合的人共同组建了泰克顿建筑事务所，
其成员包括未来英国国家剧院（National Theatre）的建筑师丹
尼斯·拉斯顿（Denys Lasdun）。"泰克顿"是希腊文"建筑"
（architecition）的简称，这家事务所用集合名词来命名，旨在宣
扬集体精神，此举在英国可谓独树一帜。该事务所拒绝采用建
筑行业当时通行的封建结构，即一群默默无闻的浅资历建筑师
辛辛苦苦地做出方案，最后由知名度高的建筑师署名（这种做
法至今依然存在）。在经济萧条的大环境下，如此前卫的事务所
并不被看好，但在1934年，他们凭借一个不起眼的项目崭露头
角：伦敦动物园的企鹅池。在这项设计中，工程专家奥韦·阿
鲁普①协助设计了著名的双螺旋坡道，并以此展现了莱伯金"社
会凝聚器"这一重要理念，阿鲁普自此亦成为泰克顿事务所多
年的合作伙伴。"社会凝聚器"理念最早由构成主义者提出，指
的是建筑把人们聚集起来并帮助人们建立新的关系，进而促成
新的生活方式。虽然把企鹅聚集起来推动不了什么革命，但亦不
失为一种以设计为媒介的宣传方式：它向大众和潜在业主展现了
泰克顿的能力，以及把现代建筑打造成趣味乌托邦的可能性。

① 奥韦·阿鲁普（Ove Arup，1895—1988），生于英国，1973年英国皇家结构工程师学会
金质奖章得主，奥雅纳工程咨询公司创始人。

　　卡蒂亚尔医生受到泰克顿事务所肺结核疗养院提案的启发后，于1935年决定委托他们设计芬斯伯里医疗中心，这下泰克顿终于得以通过建筑实践社会理念。这座医疗中心是英国首座由市政府委托建造的现代主义建筑，它以素白的外表和玻璃砖块清晰地表达着设计理念，和周围的贫民窟截然不同。此外，这座建筑也带有明显的古典色彩：对称结构散发着静谧感，两侧的配楼像张开的翅膀一样拥抱着访客，和梵蒂冈圣彼得大教堂前方有柱廊的广场相仿。访客走过小型人行桥便正式进入中心地带，来到明亮的接待区，就能看见分散在四处的座位。这与常见的昏暗候诊室里成排的座椅大相径庭，营造出了社交俱乐部的氛围，似乎欢迎大家随时造访，医务人员不会形成干涉。换句话说，这和企鹅池一样，是个"社会凝聚器"，但这次是供人类使用的。大厅里还有戈登·卡伦①的壁画，平添了活跃的气氛，同时劝大家"尽量多出去走走"。这略带命令的口吻反映出这座建筑的双重功用：既是社交俱乐部，又是向地方社群宣传卫生保健理念的"扩音器"，进而助力疾病的预防和治疗。在这方面，芬斯伯里医疗中心的做法和佩卡姆先锋保健中心大不相同：优生学这种令人毛骨悚然的弦外音散去了，取而

---

① 戈登·卡伦（Gordon Cullen，1914—1994），英国建筑师、城市规划师。

代之的是直接的教育和潜移默化的渗透。值得庆幸的是，英国
国家医疗服务体系在战后沿用了芬斯伯里医疗中心的做法，而
佩卡姆实验则大势已去、资金用尽，佩卡姆保健中心后来也不
可避免地成为豪华公寓。

　　芬斯伯里医疗中心设有妇女门诊（最早的妇女门诊之一）、
结核病门诊、太平间、牙科门诊、足部门诊、清洁消毒站，以
及为家里正在做烟熏消毒的人提供的暂住公寓。整座建筑由中
央核心区和两翼组成。中央核心区设有接待前台、演讲厅（供
公共教育宣讲使用）、洗手间等固定用途的空间，两翼则是门
诊和办公区，并可以根据不同需求加以分隔或打通。这种设计
体现出泰克顿已意识到现代医学迅猛的发展态势，也打破了平
面看似静态的对称性：古典建筑，或者说大多数建筑，建造时
并没有考虑到潜在的变革因素，而这座建筑在设计时却对社会
变动念念不忘，这在英国可谓创举。此外，为健康与人类生活
做设计时，往往要思考流动与易变，对于如何解决这类设计难
题，芬斯伯里医疗中心给出了答案。医疗中心的弹性设计效法
了福特的胭脂河工厂，其成效则象征着福利国家何以从福特式
资本主义衍生而来。尽管福特关闭了公司的社会学部，但其中
蕴含的观念依然存在，只不过其阵地不再是企业，而是国家。

　　医疗中心的设计虽然具有前瞻性，但仍然带着过去的影

子：两翼的设计，是为了最大限度地吸收日光、促进新鲜
空气流通，这种理念依据的是过时的医学典范——瘴气论
（miasmatic theory）。自古以来，人们就观察到某些疾病是群
聚爆发，进而认为疾病是由腐败的东西散发的不良空气（瘴
气）引起的。基于这种观念，分馆式布局①应运而生，病房之
间被相互分开，当时人们认为这样有利于新鲜空气流入。这种
观念由来已久，但直到18世纪才对建筑产生影响，这是因为
早期的医院不是用来治病的：在中世纪，医院是行善与施恩的
场所。

最初的医院附属于大型宗教建筑，既供朝圣者休息，也
为老弱病残提供照料，让他们在信仰的庇护下辞世，协助慈善
工作的人，则可以借此洗涤灵魂。这类建筑的设计和修道院一
样，是以宗教功能为导向的，法国托内尔（Tonnerre）的主宫
医院（Hôtel Dieu）就是一例。这家医院将病床摆放在一个巨大
的厅堂里，大厅一端是采光良好的礼拜堂，这样病人就能观看
或至少听到弥撒。

14世纪、15世纪，商人和王公贵族越来越富有，势力越
来越庞大，也开始出资建设慈善机构。此时，他们重新燃起对

---

① 分馆式（pavilion）布局，指建筑物根据不同功能而分栋设置，并以通道相互连接。

古典知识的兴趣，有意回归古典建筑传统。古典与基督教传统
成功融合的案例之一，是意大利建筑师费拉莱特（Filarete）在
1456年兴建于米兰的马焦雷医院（Ospedale Maggiore）。建筑物
划分为两个区域：左侧区域设有四间男性病房，病房以祭坛为
中心，呈十字形排列，每个床位都可以看到祭坛；右侧区域设
有布局相似的女性病房。病房周围是行政楼。由此形成的八个
院子里，设有冰店、药房、木材堆放场和厨房。位于中央的，
则是教堂。如果认为医院的主要功能是拯救灵魂的话，那么这
家医院的设计可谓十分合理。在后来的几个世纪里，十字形设
计遍及全欧洲。德国建筑师费登巴哈（Josef Furttenbach）在17
世纪中期设计的医院平面图，就是根据耶稣钉在十字架上的形
式构思出来的。费登巴哈写道："（他）向病榻上的人伸出慈悲
的双臂……在弥撒仪式上，他分享着慈悲之心；在祭坛上方，
他低垂着神圣的头颅，代表着基督精神。由此，这家医院便是
值得敬爱的，它时刻提醒着我们救世主的苦难和死亡。"[8]

　　但是，随着教会势力的衰微、民族国家的兴起，医院的
功能开始发生变化。此间，医院被专制君主当成控制社会的工
具。1656年，路易十四兴建综合医院（Hôpital Géneral），但
它并非一座实体建筑物，而是一套管理体制，用来监禁各种不
受欢迎的人，通常还会动用锁链。乞丐、流浪汉、游手好闲

者、体弱多病者、精神病患者、癫痫患者、花柳病患者，以及已经堕落或"可能快要堕落"的年轻女性，统统被关进比塞特（Bicêtre）和萨尔佩特里尔（Salpêtrière）的医院，这些人整整占巴黎人口的1%。萨尔佩特里尔医院还根据约翰·汤普森（John Thompson）和格雷斯·戈尔丁（Grace Goldin）[两人曾合著《医院的社会与建筑史》（*The Hospital: A Social and Architectural History*）一书]所说的"分而治之"政策，对病人进行了细致的分级：每个智障、疯子、忧郁症患者分别被囚禁在自己的囚室里，由于医院地势低洼，囚室里不时会注入塞纳河的河水，来自下水道的老鼠也四处横行。这种被福柯称为"大禁闭"的大规模监禁，一度在欧洲各国重复出现，例如，英国就曾先后开设矫正所和济贫院。贝特莱姆皇家医院（Bethlem Royal Hospital）俗称"疯人院"（Bedlam），已成为疯子的代名词，住在这里的患者还得承受付了钱的公众的注视和嘲笑：为了宣传医院里的"景点"，大门上还饰有"狂躁"的疯子被锁链锁住的雕像。福柯将这种对待病人和疯狂的新手段归因于启蒙时代和市场经济的发展，以及对不理性和无经济贡献者的排斥：已经没有任何空间容得下"游手好闲"的人了，他们的家人要工作，没有时间和金钱来照顾他们，所以他们不得不被关起来，以防止道德毒素扩散。

◇

　　除了上述控制百姓的动机外，欧洲帝国主义的崛起意味着
政府需要更庞大、更强健的军队。这时，军人已成为政府斥资
训练的专业人士，不再是征召来的"消耗品"，因此政府开始关
注军人的医疗保健设施。1750年，英国陆军军医约翰·普林格
（John Pringle）在一篇颇具影响力的短文中指出，在征收而来的
医院里，病人最后往往难逃一死，而在干草棚、谷仓、帐篷等
通透度较高的地方疗养的人，反倒更容易活下来。由此，他认
为是不良空气引发了疾病，并建议将伤病军人分散安置。1765
年落成的位于普利茅斯石屋兵营（Stonehouse）的皇家海军医
院（Royal Naval Hospital）就践行了普林格的理念。皇家海军
医院有十栋三层楼高的病房，可安置1200名病人，十栋楼严格
按照军事队列依次排开，并以柱廊连接。这家医院广受欢迎，
甚至有时会有附近陆军医院的病人悄悄溜进来，但最后还是被
驱赶出去了。

　　1787年，两位负责重建巴黎主宫医院的委员前往普利茅斯
考察，他们惊喜地发现自己的设想已在那里实现了。巴黎主宫
医院于公元7世纪在西堤岛（Île de la Cité）兴建，到了18世
纪末，已杂乱无序地扩张到塞纳河两岸，就连两岸间的桥梁也
被纳入其中。病房已经盖到了桥墩外，狭小拥挤的小屋像燕

子窝一样悬挂在浑浊的水面上。如果医院的主要功能是拯救灵魂，那么这种高密度的布局似乎无可厚非，但是到了18世纪末，医学的权势和专业化程度均已提高，外加背后又有想借医学加强对百姓掌控的国家撑腰，于是医生开始抵抗宗教秩序，争取医院的控制权。这时的医生已可以自由地发号施令，并把瘴气论付诸实践。主宫医院实在过于拥挤，一项调查发现，那里住着2377名患者，八个人挤一张床的情况数见不鲜，因此这里一度被指责为"世界上最危险的地方"。倡导改革的雅克·泰农（Jacques Tenon）医生被这幅景象吓坏了："过道又黑又窄，墙上尽是唾沫污垢，地板上到处都是从床垫里渗出、从马桶里清出的脏东西，里面还混杂着伤者或放血者的脓和血。"[9]1772年的一场火灾导致19名患者死亡并引起公愤，随后主宫医院收到了200多份重建提案，其中多数方案采用了分馆式布局。

◇

在接下来的100年里，分馆式建筑胜出。一个世纪的争论似乎确认了分散安置的规划对健康有益。例如在克里米亚战争期间，南丁格尔发现，在斯库台（Scutari）征用的奥斯曼营房中，伤兵死亡率高达42%。这里人满为患，下水道已严重腐蚀，导致排泄物在下方堆积，同时，供水断断续续，且会流经一具正在腐烂的马尸。相比之下，在预制而成的伦基奥（Renkioi）军医院，死亡率仅为3%。伦基奥医院由伊桑巴德·金德姆·布鲁内尔①设计，主体由相互分离的小木屋组成，每个木屋里有两间病房、共容纳约50名病人，屋顶则以高度抛光的锡铸成，可以反射阳光。深信瘴气论的南丁格尔格外欣赏伦基奥医院，回到英国后便开始为改革奔走呼号。她主张医院最多两层楼高，且不该设中庭，以免聚集污浊的空气。病房若想维持健康的环境，"对流通风"是关键，这意味着病房必须是相互独立的建筑单元，这样微风才能在两侧的窗户间形成对流。这种单元式病房后来被称为"南丁格尔式病房"，尽管她仅仅是相关理念的推广者，而非真正的设计者。南丁格尔式病房内部设计精简，有利于空气流通，整齐排列的病床，则方便了护士的管理——同时也将其发源于军队的特色加诸百姓。南丁格尔式病房的形式与福柯的视觉规训理论和瘴气论渊源颇深。南丁格尔曾以纪律严明的精神写道："每个不必要的壁橱、洗涤室、水槽、大厅和楼梯，都是必须花费力气与时间清理的空间，也容易让不听话的病人或护工有藏身之处。这样一来，任何医院永远都别想自由。"[10]

---

① 伊桑巴德·金德姆·布鲁内尔（Isambard Kingdom Brunel，1806—1859），英国工程师。

虽然瘴气论未能精准地掌握疾病的本质，但依据瘴气论建造的医院通过分散病人、改善卫生条件，确实降低了死亡人数；此外，出自约瑟夫·巴泽尔杰特（Joseph Bazalgette）之手的伦敦庞大的下水道系统，亦得益于瘴气论。但是后来大家逐渐意识到，依据瘴气论进行的改革并不能包治百病，而此时巴斯德[①]和科赫发现了传染病背后的机制，确立了生源说（germ theory）。至此，分馆式建筑的黄金时代走向尾声，但与瘴气论有关的思想却没有消亡：阳光和新鲜空气的重要性依然徘徊在20世纪的人们心中，芬斯伯里医疗中心的透明度和类似分馆式的规划便证明了这一点。芬斯伯里医疗中心建于生源说确立之前，但彼时抗生素尚未普及（生源说的确立和抗生素的普及之间，有70年尴尬的空窗期），此间，阳光可以杀菌的神奇想法依然存在。医疗中心设有一个日光浴室，贫民窟的居民可以在这里晒人工日光，这在当时是常见的疗法。

坚固、昂贵的建筑往往跟不上社会和技术变革的脚步，因此人们大多得在旧时代的建筑物中倡导新的医疗实践。英国国家医疗服务体系确立于第二次世界大战后，当时，18世纪、19世纪遗留下来的医院已经破旧不堪，无法满足现代医学的

---

① 巴斯德（Louis Pasteur，1822—1895），法国微生物学家，微生物学奠基人。

诉求。但正如德国哲学家恩斯特·布洛赫（Ernst Bloch）所谓的"同时并存的非同步发展"，这些病房意外地营造了舒适的住院环境：当时盛行的南丁格尔式病房格外适用于战后的国家监视和"共克时艰"的大环境。医疗公有主义在一定程度上是战争年代遗留下来的产物，但在科学发展的大环境下亦势在必行。由于医疗技术日益复杂而昂贵，富人不再能在家里接受治疗，甚至连私人诊所也撑不住了。当人们纷纷集中到医院，医院便成为更加完整的社会缩影，即便仍然存在公共病房和供富人享用的私人病房的划分。"Carry On"系列电影经常用病房戏来剖析战后英国人的精神世界。1959年，该系列电影中最受欢迎的第二部《护士也疯狂》（*Carry on, Nurse!*）沿用了医院喜剧的基本要素：严厉的护士长（谁都别想躲过她的扫视和军事作风）和性感迷人的小护士。二者的合作就是萝卜加大棒，引诱病人（总是男性）进入有如福利国家缩影的医院，让身体接受政府的严格审视和规训。电影中的笑点均来自小人物企图逃脱国家权力，以及不同阶级的人同处一室、连最基本的隐私都被剥夺时的种种尴尬。然而，最后大家总会在护士长明察秋毫的视线下和平共处，社会民主由此得以延续。

破旧的分馆式建筑和南丁格尔式病房终于在1962年退出历

史舞台。当时，伊诺克·鲍威尔[1]签署通过国家医疗服务体系所属医院的建筑扩大方案，资金因而得到落实。最普遍的替代建筑形式挪用自商业建筑，绰号"松饼上的火柴盒"，即在较宽的基座上建高楼。促成这种设计形式的因素很多：地皮租金不断上涨，导致分馆式建筑造价过高；随着医学知识的进步，人们不再把对流通风作为医院设计的目标（现代人知道，那样反而会加速病菌传播）；电梯和空调等建筑内设施科技的发展，让平面深处不再必须依靠窗户来通风；护理和手术技术的进步，使得卧床休养不再是主要康复手段。医生诊治得快，病人出院快，因此病房越建越小，以避免传染，同时，病房从属于成像室、手术室和其他门诊等技术性空间。在"松饼火柴盒"式医院里，技术性空间通常位于基座（"松饼"），必要时可以扩张或调整布局；相对静态的病房则堆叠在上方的火柴盒高楼里。这些高楼还具有传达意识形态的功能，在欧洲城市里像纪念碑一样，宣传着现代性和福利国家的力量与存在，与私人领域的高楼分庭抗礼。

　　这样的权力不可避免地受到了挑战。在危机重重的20世纪70年代，去机构化（deinstitutionalisation）悄然展开。氯丙嗪（chlorpromazine）等抗精神病药物发明后，精神病患者的收

---

① 伊诺克·鲍威尔（Enoch Powell，1912—1998），英国政治家，曾任卫生大臣。

容机构纷纷关闭，患者以更为便宜的方式，被囚禁在自己的心里。关闭养老院，也是新自由主义政府希望减少国家介入的手段。这些措施均以"社区关怀"为托词，并被纳入人性化改革的框架。在缺乏资金的情况下，医院的扩建只能靠加盖低矮的组装式棚屋，这俨然回归了19世纪的分馆式布局。同时，病房里挤满了去机构化改革带来的难民。我曾经在伦敦一家大医院里住了一个月，目睹了养老院紧缺导致的病房里挤满老人的情景，并遇上了一些难忘的人物：有个来自直布罗陀的疯子总蒙着被子点香烟，坚信女巫会从窗户飞进来并把他带走；还有个瘾君子总是引来老太太们严厉却不失母性的目光；与我床位相邻的一个人在断气前像火山爆发般地喷血，喷出来的血还溅到了我正在看的报纸上。

　　长期资金不足、医院人满为患给新自由主义政府带来了越来越多的问题。民众既期待医疗保健体系能够发挥作用，又相信议会和媒体中的既得利益者的说辞，认为提高税收不符合公民利益。约翰·梅杰（John Major）领导的保守党政府决定采用澳大利亚首创的融资模式"民间融资方案"①，认为这样做一方面

---

① 民间融资方案（Private Finance Initiatives, PFI），指政府与民间机构订立长期契约，由后者投资建设公共设施，机构开始利用相应的设施资产提供服务后，政府向其购买公共服务。

能为公共服务募集经费，一方面又能在意识形态上为公众接受。
新工党大力推广民间融资，将借来的资本投入公共部门，在不
提税的情况下兴建了多家大型医院，启用于2001年、拥有987
个床位的诺福克诺维奇医院（Norfolk and Norwich Hospital）就
是一个例子。和许多通过民间融资兴建的医院一样，诺福克诺
维奇医院坐落在地价比内城便宜的乡间，低密度的分馆式建筑
懒洋洋地分散开来，但对多数人来说，这里交通不便。建筑与
文化评论家欧文·哈瑟利（Owen Hatherley）说这些医院"向
来建在荒郊野外"，且"设计风格雷同：一堆普通砖块、一块
塑料波浪板屋顶、一些绿色玻璃，再用地毯添上几抹鲜亮的颜
色——大家对于新工党上千个惯常做法已经再熟悉不过"。[11]

　　为了省钱，政府往往会选择由开发商设计的廉价方案，因
此这些建筑普遍缺乏美感。但更严重的问题在于，民间融资方
案虽能让政府规避提税这一困难选择，但根本不存在省钱这回
事。通过该方案兴建的建筑实际上贵得惊人，也导致英国人支
付的医疗费远远超出提税后需要支付的金额。方案实施之初就
已招致许多批评，现在恶果则更加明显：用于兴建新医院的贷
款产生的利息非常高，为了还贷，不得不关闭其他公共设施以
减少支出，其中包括急诊部门。有人怀疑这是新自由主义政
府最初的一步棋：若把国家医疗服务体系架空，便将迎来医

疗保健的市场化，这正迎合了其支持者的意愿。力图削减前期
成本的执念已扩散到整个英国的官僚体系，亦对建筑行业造成
重创。好设计被视为不必要的支出项，因此业主往往选择"设
计—建造"（design-build）的打包式方案，不去找建筑师，而
是直接使用建筑商内部的设计团队。结果便是，盖出来的建筑
平庸且昂贵，并让建筑师这个职业岌岌可危。

　　国家医疗服务体系萎缩的潜在受害者之一，就是芬斯伯
里医疗中心。该医疗中心虽然位列"登录建筑"名单，应受到
保护，但多年来一直碍于资金不足，加上国家医疗服务体系的
地方信托机构想要尽快甩下这个烫手的山芋，说不定哪天它也
会变成豪华公寓。这种情形对于医疗中心的建造者莱伯金来说
或许并不意外，因为他当初一度对福利国家的实际情况颇为失
望。战争期间，他撤退到格洛斯特郡（Gloucestershire）的一个
农场里，照看从伦敦动物园撤到这里的河马和黑猩猩。他后来
回归建筑界时本应大有作为，因为当时的执政党工党计划大兴
土木。泰克顿事务所接受委托，完成了"芬斯伯里计划"，同期
还在整个伦敦设计了一系列具有突破性的住宅。其中一处是贝
文苑①。贝文苑拥有世界上最精美的楼梯间，宛如为伦敦工人阶

---

① 贝文苑（Bevin Court），原名列宁苑（Lenin Court），是列宁在伦敦时的住所，后迫于政
　治压力而更名。

级打造的"社会凝聚器"，透着太空时代风格。然而，战后的社会主义并不像莱伯金想象的那样有同情心。囊中羞涩的官员们无暇顾及建筑师的乌托邦梦。经过漫长的讨论，他的"彼得卢"①新城市规划方案最终未能通过，于是他愤而出走。他曾宣称："对老百姓来说，再怎么好都不为过。"而在70年代评论起芬斯伯里的作品时，他苦涩地说："这些建筑在为美好的世界大声疾呼，但这个世界并不存在。"[12]

如前文所述，健康和建筑的交集不仅体现在用于处理重大危机的建筑物上，比如医院和诊所，也体现在日常生活空间中。许多人都曾为营造健康的生活环境而努力，比如改造伦敦下水道系统的巴泽尔杰特、佩卡姆实验背后的医生，还有无数致力于打造线条分明、阳光充足的住宅的现代主义建筑师。今天，这样的努力在西欧和美国仍在继续，但形式已经截然不同。一方面是因为，现代主义的信条已失去可信度——通常是出于政治因素，比如20世纪70年代后医院设计的演变。城市中随处可见的现代主义办公大楼现在被认为是不健康的，因为其所使用的原本服务于居住在纵深很深的开放平面的居民的现代

---

① "彼得卢"（Peterloo），即杜伦郡（Durham County）新城彼得里（Peterlee）。1947年莱伯金曾接受委托，为彼得里做城市规划；提案遭官方否决后，媒体借用滑铁卢（Waterloo）的典故，称莱伯金惨遭"彼得卢"。

建材和空调会散发出有毒粒子，并不断让"不良空气"循环。
虽然临床医学界普遍认为所谓的"病态大楼症候群"多是大众
的恐慌心态所致，是回归瘴气论的倒退心理，且可能是对后福
特时代工作模式的无声抵抗，但不争的事实是，致命的退伍军
人症①的确是通过酒店和游轮的空调管道传播的。同时，扶梯、
电梯之类的设施加重了西方人的富贵病：传染病固然已在当今
的城市里销声匿迹，但我们却会死于懒惰——今天，再也没有
人使用莱伯金在贝文苑设计的"社会凝聚器楼梯"了。

　　为了解决这个问题，包括纽约市政府规划部门在内的城
市规划者开始采用时髦的诱导论。这种理论认为，规划者可以
设法以轻微的刺激，让人们朝着有益健康的方向前进，比如把
楼梯设计得更显眼，或者干脆设计成踩上去就会发声的"钢琴
键"。这是佩卡姆保健中心不干预手段的新版本，虽然不再着眼
于优生学，而是与憎恶规范和福利的意识形态有关。而在发展
中国家，最基本的卫生问题依旧是致命的：世界上尚有1/3的
人口没有厕所可用，肺结核等因人口密度过高而引发的疾病仍
然盛行。肺结核目前是仅次于艾滋病的第二大致命疾病，2011
年在全球范围内夺去了140万人的生命。[13]甘地的名言"卫生

---

① 退伍军人症，即由退伍军人杆菌（Legionella spp.）引发的急性肺炎及呼吸道感染。

比独立更重要"现在显得格外贴切，因为印度、巴西等经济强
国有如怪物，吐着乌烟瘴气，"脚"却是由烂泥或更糟的东西构
成，不堪一击。建筑能否在这方面有所作为，则是本书最后一
章的主题。

第十章

人行桥，
里约热内卢
（2010年）

建筑与未来

生活比建筑更重要。

———奥斯卡·尼迈耶（Oscar Niemeyer）[1]

本书探讨了建筑和凡人的关系，最后一章将以一座屁股形的巨大人行桥作为总结——这是一个发挥罗兰森①式戏谑风格的良机。这样，我们就从引言里想象中的小木屋出发，最后落脚在混凝土建筑，也相当于绕了一大圈又回到原点，因为这座桥引导行人穿过繁忙的道路，来到里约热内卢最大的贫民窟——聚集着大量"原始"住宅的罗西尼亚（Rocinha）。只不过这里的住宅大都通了下水道、有电、使用着等离子电视，不算太原始。有传言称，这座出自巴西著名建筑师、最后一位现代主义大将奥斯卡·尼迈耶之手的人行桥，其造型模仿的是女性穿着比基尼的臀部。虽然对于这座愉悦感官的城市来说这是个合适的象征，但尼迈耶称，丁字裤形人行桥参考的是他曾为里约的桑巴馆（Sambódromo）所做的设计。而这位建筑师说话时那垂涎的语气，让人觉得说不定他就是在想美臀。他在自传《时光曲线》（*The Curves of Time*）中写道："直角吸引不了我，

---

① 罗兰森（Thomas Rowlandson，1756—1827），英国漫画家，以反映社会和政治问题的讽刺画知名。

人类创造的笔直、生硬、呆板的线条也吸引不了我。我真正喜欢的，是自由的、性感的曲线，比如从山峦、海浪和喜爱的女人身上看到的曲线。"[2]

撇开尼迈耶原始的性态度不谈，这座人行桥是他送给坐落在桥后半山腰上的贫民窟的礼物，展现出他与这里的居民休戚与共的姿态。巴西首都巴西利亚体现了现代主义规划的巅峰成就，这里的许多公共建筑都出自尼迈耶之手。尼迈耶在104年的人生中一直是个共产主义者。他曾在2006年写道："总有一天，世界会更公正，会把生命带向更优越的发展阶段，不再受限于政府和统治阶级。"[3]或许会有那么一天吧，但目前20%的里约人还住在贫民窟，而贫民窟下方的海滩便是富人区伊帕内马（Ipanema）和莱伯伦（Leblon），那里的物价高到令人咋舌。虽然世界上有将近10亿人口住在贫民窟，贫富差距问题亦非巴西独有，但在巴西，贫富差距尤为悬殊。纵观全球，贫民窟形式多样，有的像罗西尼亚这样坐落在城市边缘，有的则是古老的孤立区域，比如开罗的"死亡之城"（City of the Dead）——这是一座马穆鲁克①的坟墓，而今有超过50万人居住在那里。

---

① 马穆鲁克（Mameluke），原为中东地区奴隶出身的士兵，后来成为军事阶层，统治埃及近300年。

贫民窟化（Slumification）并非建筑面临的唯一问题。2010 年，世界上居住在城市的人口比例首次超过50%，其中多数人口居住在发展中国家的超大城市，如上海、墨西哥城，或形式更新颖的城市，例如拥有4500万人口的里约—圣保罗大都市伸展区①。当城市不断扩大并融合为区域大都市时，农村也在城市化。迈克·戴维斯（Mike Davis）在《布满贫民窟的星球》（*Planet of Slums*）中写道，在中国，"多数情况是，农村人口不必移居到城市，因为城市会覆盖农村"[4]。最后，他总结道："未来的城市将不像过去的城市学家想象的那样以玻璃和钢建造，而多是由粗糙的砖块、稻草、回收再利用的塑料、水泥块和废木材建成。高耸入云的光之城不会出现，相反，21世纪的城市大多只能蜷缩在肮脏的环境里，被污染、排泄物和破败包围。"[5]

在爆炸性的城市化进程中，城乡间的界线日渐模糊，外加住房短缺和房地产泡沫造成西方经济动荡，许多人不得不住在未经建筑师设计的糟糕建筑中。此间，建筑面临的最大挑战是如何为平民百姓提供住房。上个世纪，尽管建筑师、城市规划者和政府对这一问题引起了重视，且偶尔不乏明智之举，但多数时候表现出的仍是腐败和无能，至今仍在推卸责任。这个问

---

① 该区域囊括里约、圣保罗，以及位于帕拉伊巴州（Paraíba）和坎皮纳斯州（Campinas）的大中城市和直辖市。

题被丢给民间部门或穷人，建筑师则要么被排除在规划过程之外，只能去做一些让企业总部"增值"的设计，要么就去建造更多不实用的博物馆。

尽管尼迈耶的混凝土桥或许被视为无用的典型地标建筑，但我不愿把它视作无用之物，因为他的初衷是好的。他把这座桥的设计方案捐献给了贫民窟改造项目，在设计方案中，桥的一端是大型体育馆，另一端则是改良的住宅。这些工程是联邦政府"加速成长计划"（Programa de Aceleração do Crescimento, PAC）的一部分，同步进行的是贫民窟近年来的"扫荡"行动。"扫荡"行动是指在贫民窟安置警力，以遏止帮派嚣张的活动（虽然毒品交易仍在暗中进行）。"加速成长计划"和"扫荡"的时间点，刚好是在世界杯足球赛和奥运会临近之际。

举办世界杯的支出在巴西引发了前所未有的大暴乱。2013年6月，超过100万人涌上街头。在巴西利亚，抗议群众聚集在尼迈耶设计的国会大厦楼顶，他们投下的长长阴影，好似把这个碗状屋顶变成了一个充满生机的希腊古瓮，想必尼迈耶会欣赏这象征着民主的生动景象。至于2016年里约奥运会，因为罗西尼亚离海滩景区很近，而官方无论付出多大的代价，都要给国际奥委会留下好印象，所以扫荡行动大规模展开。帮派械斗事件减少固然是好事，但扫荡行动通常是在警方缺乏搜查令的情况下进行的挨家挨户的搜查，且多被指责带有种族歧视倾向，因为黑人在贫民窟居民中占有较高比例。扫荡行动或许可被视为政府对这个半自治区的入侵：他们来到这个曾经未被使用的荒地，要求居民偿还居民自己创造的土地价值。

"加速成长计划"资助的项目同样值得怀疑。项目执行至今，里约贫民窟肮脏危险的整体环境并未见改善。在罗西尼亚有个被委婉地称作"谷地"（Valao）的地方，居民们仍将排泄物倾倒进街道中央的露天水渠，孩子们会在那里玩水，寄生虫也在那里滋生。学校和市场等项目尚未落成，无家可归的人聚集在建了一半的建筑骨架里，以求遮风避雨。而尼迈耶的桥和分别位于桥两端的色彩缤纷的新住宅与体育馆，则都是效果被高估的市容工程，无法解决贫民窟里危及生命的问题。驾车经过高速公路时，便能看到这座形态婀娜的桥无论就现实还是意识形态而言，都不过是贫民窟的一块遮羞布。同样地，另一个贫民窟阿莱茅街区（Complexo do Alemão）还设有颇具知名度的空中缆车，这项设施耗资极高，却仅仅对外人有好处：外人看到缆车，会觉得"政府正在行动"，而贫民窟的一个居民观察到，游客坐缆车看穷人看得瞠目结舌，且不必弄脏双脚。（扫荡行动后，贫民窟观光蓬勃发展，尽管2012年罗西尼亚发生枪击案，导致一名德国游客重伤。）

致力于改善贫民窟的"加速成长计划"停滞不前，甚至或许可以说失败了，对某些人来说并不意外。记者凯瑟琳·奥斯本（Catherine Osborn）指出，里约贫民窟出现于1897年，在过去的100年里经历了无数次的清除、重新安置、入侵和改善。早在20世纪头十年，许多贫民窟就被强行清除，以便为里约的"奥斯曼化"①让路。当时，在南美洲和欧洲，贫民窟被视为疾病、道德败坏、犯罪和政治动荡的温床，而潜在的政治动荡尤其令后殖民时期的政府不安，因为贫民窟里住着许多过去的奴隶和原住民。1937年巴西出台的首个贫民窟政策，便带着上述偏见：这些定居点由此被认定为是"违章的"，应该拆除。但是，拆除贫民窟无法让城市摆脱贫穷和政治动荡的阴影。因此，在20世纪40年代，天主教会介入贫民窟，协助铲除共产主义——共产党在1947年的市政选举中赢得24％的选票后，就遭到禁止。

到了50年代，生活在贫民窟的人开始联合起来，请求政府改善环境、提供援助。60年代，新上任的市政官员、社会学家何塞·阿瑟·里奥斯（José Arthur Rios）做出了回应，出台了首个经过与居民协商的改善方案。然而，看重房地产利益的

---

① 奥斯曼化（Haussmannisation），即奥斯曼于1853—1870年主持的巴黎城市改造计划。奥斯曼的巴黎改造构成了欧洲高速城市化时代的缩影。

市长一心想着清除贫民窟、重新开发土地，因此制止了改善方案，并再度开始铲除贫民窟，将十多万居民迁到了城郊新建的大型集合住宅（conjunto）。这些住宅太贵，房屋质量太差且疏于维护，对许多前贫民窟居民来说又太偏僻，帮派势力很快便死灰复燃。一处名为"上帝之城"（City of God）的集合住宅，更因2002年上映的同名犯罪电影而在国际上声名狼藉。尽管集合住宅存在种种明显的不足，但政府却在持续兴建，这不足为奇，因为建筑公司和受贿的政客借此捞了大笔的钱。20世纪60年代的英国也好不到哪里去：纽卡斯尔（Newcastle）市议会主席T. 丹·史密斯（T. Dan Smith）臭名昭著，最终更因收取建筑师约翰·保尔森（John Poulson）的贿赂而入狱。

同时，贫民窟居民协会大声疾呼，要求停止铲除贫民窟，呼吁改善现有的定居点，如果确实有必要拆除，则应该在老房子附近重新安置居民。但是政府没有理会他们的呼声，直到1985年军事独裁结束、回归民主，贫民窟居民才终于得以通过投票发声。在1992年的市长选举中，出生在贫民窟的贝尼迪塔·达·席尔瓦（Benedita da Silva）仅以微弱的差距败给塞萨尔·马亚（Cesar Maia），为了赢得对手选区选民的支持，马亚做了一些让步，"从贫民窟到社区"（Favela-Bairro）计划由此诞生。这项计划从1994年进行到2008年，将征询民意和"保留地方特色”作为最高原则，并将聚焦点从住家转移到公共空间和公共设施上，着意于建设托儿所、完善基础设施和社会服务。计划虽取得了进展，但由于建材质量差外加维护不善，新建设施很快便坏掉了。此外，一度标榜的群众参与和社区支持原则也成了泡影，多数方案都是上级强加的，社会服务从未到位，就算启动了，也是虎头蛇尾。

下一波改善行动便是2007年的“加速成长计划”，该计划资助过的知名工程包括尼迈耶的桥、罗西尼亚体育馆及阿莱茅的缆车。2010年，为迎接即将到来的世界杯和奥运会，里约时任市长爱德瓦尔多·派斯（Eduardo Paes）宣布了新市政方案“安置里约人”（Morar Carioca）。方案预算达数十亿美元，并计划与巴西建筑师学会（Brazilian Institute of Architects）合作，对道路、下水道、休闲设施和社交中心等主要基础设施进行升级改造。更值得注意的是，它承诺“在各个阶段，都有群众组织的参与”，并承诺将流离失所的公民安置在其原住所附近，还将制定分区法规，以平抑房价，预防绅士化①导致穷人无房可住。但正如奥斯本得出的结论：

---

① 绅士化（gentrification），又译中产阶层化、贵族化或缙绅化。指原本聚集低收入者的社区，重建后地价及租金上涨，引来较高收入者迁入，取代原有低收入者。

　　尽管"安置里约人"在理论上做出了诱人的承诺……但实际上，迄今为止这个方案只是地方当局对里约贫民窟行使独裁、单方面武断干预的幌子。以往的贫民窟政策有两种：搬迁或改善。目前市政府用"安置里约人"出台了第三种矛盾的政策：明面上宣布改善，实际上却公然拆除并促进绅士化。[6]

　　然而，从更广阔的经济角度看，这项政策并不矛盾。里约贫民窟的故事，具体而微地呈现了世界各地安置穷人的历史。19世纪末，清除贫民窟被视为一种解决方案，而此举仅仅是让穷人更加远离他们的工作地点和社区，目的是收回宝贵的城市土地。20世纪上半叶，市政社会学家、现代主义建筑师和军事独裁者均强烈要求用新住宅取代贫民窟，而在欧洲，纳粹空军和英国皇家空军大幅推动了这一进程。但是到了20世纪50年代，公共住宅遭到批评。在英国，社会学家维尔莫特（Peter Wilmott）和杨（Michael Young）的一项著名研究表明，将工人阶级家庭从内城贝思纳尔格林（Bethnal Green）迁到郊区埃塞克斯（Essex）后，遥远的安置地导致社区分崩离析。为了应对这个问题以及战后糟糕的规划，建筑师塞德里克·普莱斯（Cedric Price）、历史学家雷纳·班纳姆和彼得·霍尔（Peter Hall）走向了另一个极端，提出了"不规划"（Non-Plan）理念：这种自由主义的立场最终导致了伦敦码头区的无序发展。

发展中国家也出现了状况。观察家开始批评国家出资建设的大型住房项目昂贵而低效，且只能造出低质量住宅，反而认为"贫民窟或许是解决方案"。相关的运动最先在美国和英属殖民地展开，特别是波多黎各，这并非偶然。20世纪30年代末，美国在波多黎各试行首创的"他助加自助"（aided self-help）模式；英美领导的国际团体继而又把该模式强加于其他拉丁美洲国家，后来美国甚至给予资金支持，使其成为反共产主义手段。许多建筑师也支持"他助加自助"，比如英国的无政府主义者约翰·特纳（John Turner）。20世纪50年代，他造访秘鲁，目睹了大地震后阿雷基帕①的重建，并建议政府不要为流离失所的居民建新房，而是以"他助加自助"的方案来推动更大规模的建设。理想而言，这表示政府将提供基础建设、小块土地、培训，并给予工具和材料补贴，让居民建造（或指导居民建造）自己的住宅。

特纳并非第一个倡导自助的规划者或建筑师，却是当时最活跃的，或许也是最有影响力的，同时，他的想法得到了世界银行时任总裁罗伯特·麦克纳马拉（Robert McNamara）的支

---

① 阿雷基帕（Arequipa），秘鲁第二大城市，人口仅次于首都利马（Lima）。

持。麦克纳马拉在担任美国国防部部长期间，大大加强了美国对越南战争的参与度。虽然这两位一个是新自由主义屠夫，一个是无政府主义规划师，但他们的合作并非令人匪夷所思，因为他们从根本上均反对大政府，尽管理由不尽相同。特纳的意图或许是善良的：他认为居民自己建的房子会比政府建的更便宜、更美观；如果人们在建房过程中投入更多力气，那么他们对房屋的满意度也会提高；自助还可以减少对国际投机资本的依赖。另一方面，新自由主义者希望国家放松对建筑行业的监管，允许私营企业在自由的市场负责提供住宅。

但是，特纳的想法存在严重的纰漏，即马克思称所谓的"愚蠢的乡村情结"（cretinous rustic idyll）[7]——他把贫民窟浪漫化了。贫民窟不是自我实现的表达，而是在极度贫困的情况下采取的权宜之计。更糟糕的是，特纳倡导的自助被全球资本体制当成了意识形态的遮羞布。国家拒绝为纳税公民提供住房，还让资本家在他们身上进行二次压榨：先在工作场所压榨，然后压榨他们免费出力建造自己的住宅。然而，放松对住房供给的管制既无法降低成本，也无法提高住宅水准，那只是新自由主义者的矛盾思想。自助建房"节省"的大部分成本只是转嫁给了建造者兼住户。正如罗德·伯吉斯（Rod Burgess）对自助建房的批评：

随着资本主义危机的加深，居住空间、休闲区域、城市服务、基础设施、能源和原材料的成本都急剧增加。无论是发达资本主义国家还是第三世界国家……都提出将自助哲学作为一种解决方案：自己盖房、自己种菜、骑车上班、自己当技工等等。第三世界国家的人民大都这样做，却鲜能摆脱饥饿的困扰。这种自力更生的呼吁，对他们来说听起来更像是一种莫名其妙的激进思想。[8]

这段写于30年前的文字，在今天看来显得格外贴切。尽管特纳的无政府主义做法或许会吸引一些生存主义狂热分子和企业的自由主义人士，但解决公共住宅缺陷的办法，显然不是不建房子，而是建更好的房子。这并非缘木求鱼，发展中国家就出现过大量高质量、低成本的设计方案。香港建筑师林君翰（John Lin）曾在中国内地主导过几个项目，这些项目雇用当地劳动力，就地取"才"，因地制宜，建造出了经济节能且适应当地环境的建筑。例如，陕西石家村的合院式住宅，便以最普通的材料打造出了独特的美感。中国农村的多数新建筑，尤其是在大城市工作的后代出资兴建的建筑，大都移植了城市建筑的类型，成为混凝土楼房别墅，外部包覆着浴室瓷砖，若经费允许，再饰以有色玻璃和钢管。

　　林君翰的作品不仅具有独特的视觉效果，他还想把传统的合院式平房改造成过渡性建筑，让它们禁得起中国农村从穷乡僻壤转变为其他可能的过程。他的做法近乎带有粗野主义色彩：他使用手边的材料（例如石家村案例中的传统泥砖），辅以现代手法，打造出似曾相识的风土建筑类型。石家村建筑采用抗震的混凝土架构，并以隔热泥砖填充，整座建筑包覆的镂空砖墙，既能作为遮蔽，又能促进空气流通。住宅为人与猪共用，猪粪产生的沼气可以作为烹饪的能源。

　　从林君翰的石家村建筑可见，在去专业化建筑日益增多的当下，建筑设计尤为重要。然而，为确保公共住宅能够大规模兴建并真正造福百姓，体制性变革势在必行。官方虽曾摆出让社群参与兴建的姿态，但那常常只是为了搪塞穷人的政治诉求，口惠而实不至，正如里约的情况。这种一面鼓励群众参与、一面强制搬迁的做法看似矛盾，实际上暗藏玄机——这只是将人民创造的财富窃取过来的新手段：贫民窟是穷人在没有国家监管的情况下建造的，此间黑帮与违法犯罪活动横行，一旦发展到某种程度，这些定居点便会被国家扫荡，准备提供给另一种帮派势力——房地产市场。

　　如今，政府对贫民窟的策略从"自助加他助"转变为任其绅士化，即相当于悄悄清除贫民窟。罗西尼亚贫民窟的城市化，受益者将不是那里目前的居民，因为他们大多是租赁者，而政策上规定，相关权利归属于贫民窟地产持有人，这样一来，受益者则将是伊帕内马和莱伯伦的地主。"他助加自助"也没必要了：在大多数城市，穷人已充分开发周边地区，但他们创造出的价值，终会被资本家没收。这样的情况也发生在西方的中产阶级中间。次贷危机引来大量非法止赎行为，一位美国国会议员表示，这是"史上规模最大的没收私人房产行动，始作俑者是银行和政府实体"。[9]

　　若想力挽狂澜，唯有实现真正的变革。柯布西耶所谓"建筑或革命"的选择，于我们而言并不存在，我们需要的是建筑与革命。待风水轮转、边缘收复中心时，建筑将不再是开发商、投机客、地主和贪官牟利的媒介——到那时，建筑将为人民而生。

注　释

引言　最早的小屋：建筑与起源

[1] Michel Foucault, *Language, Counter-Memory, Practice,* ed. D.F. Bouchard (Ithaca, NY, 1980), 142.

[2] Henry-Louis de la Grange, *Gustav Mahler, Vol.4 : A New Life Cut Short* (Oxford, 2008), 821.

[3] 同前，第460页。

[4] 同前，第213页。

[5] Henry Thoreau, *Walden* (Oxford, 2008), 102-117.

[6] Vitruvius, *The Ten Books on Architecture*, trans. Morris Hicky Morgan (Cambridge, MA, 1914), 40.

[7] Paul Schultze-Naumburg, *Kunst und Rasse* (Munich, 1928), 108.

[8] Gottfried Semper, *Style in the Technical and Tectonic Arts*, trans. Mallgrave and Robinson (Los Angeles, CA, 2004), 666.

[9] Joseph Conrad, *Heart of Darkness* (London, 1994), 75, 82.

[10] 同前，第52页。

[11] Samuel Beckett, *First Love* (London, 1973), 29-30.

[12] 同前，第31页。

第一章　巴别塔，巴比伦：建筑与权力

[1] Devin Fore, *Realism after Modernism: The Rehumanization of Art and Literature* (Cambridge, MA, 2012), 121.

[2] 《创世记》11:4、11:6、11:9。

[3] Flavius Josephus, *The Antiquities of the Jews*, trans. William Whiston. http://www.gutenberg.org/files/2848/2848-h/2848-h.htm.

[4] 《出埃及记》1:14.

[5] 《耶利米书》51:29.

[6] 《启示录》14:8.

[7]　Magnus Bernhardsson, *Reclaiming a Plundered Past: Archaeology and Nation Building in Modern Iraq* (Austin, TX, 2005), 26.

[8]　Robert Miola, *Early Modern Catholicism: An Anthology of Primary Sources* (Oxford, 2007), 59.

[9]　Peter Arnade, *Beggars, Iconoclasts, and Civic Patriots: The Political Culture of the Dutch Revolt* (Ithaca, NY, 2008), 113.

[10] Thomas Carlyle, *The French Revolution*, vol. 1 (London,1966), 155.

[11] 同前，第154页。

[12] Hans Jürgen Lusebrink and Rolf Reichardt, *The Bastille: A History of a Symbol of Despotism and Freedom* (London, 1997), 121-122.

[13] Gertrude Bell, *Amurath to Amurath* (London, 1924), vii. http://www.presscom.co.uk/amrath/amurath.html.

[14] Bernhardsson, 21.

[15] 同前，第44—45页。

[16] 同前，第241页。

[17] www.gerty.ncl.ac.uk/diary_details.php?diary_id=1176.

[18] *The Letters of Gertrude Bell*, vol.2 (1927). http://gutenberg.net.au/ebooks04/040046ih.html.

[19] Bernhardsson, 105.

[20] 同前，第108页。

[21] Jean-Claude Maurice, *Si vous le répétez, je démentirai: Chirac, Sarkozy, Vilepin* (Paris, 2009).

[22] Daniel Brook, "The Architect of 9 · 11", *Slate*, Sep. 10, 2009.

第二章　金宫，罗马：建筑与道德

[1]　Wolfgang Kayser, *The Grotesque in Art and Literature* (Bloomington, IN, 1963), 20.

[2]　Suetonius, vol.2, trans. J.C. Rolfe (Cambridge, MA, 1914). http://penelope.uchicago.edu/Thayer/E/Roman/Texts/Suetonius/12Caesars/Nero*.html.

[3]　Tacitus, *The Annals*, trans. Alfred John Church and William Jackson Brodribb (New York, 1942). http://classics.mit.edu/Tacitus/annals.mb.txt.

[4]　同前。

[5]　Gustave Flaubert, *La danse des morts* (1838), 171.

[6]　Nikolaus Pevsner, *Outline of European Architecture* (London, 1962), 411.

[7] Edward Champlin, *Nero* (Cambridge, MA, 2003), 200.

[8] Epistle XC. Seneca, vol.2, trans. Richard M. Gummere (Cambridge, MA, 1917-1925). http://www.stoics.com/seneca_epistles_book_2.html.

[9] Bernard Mandeville, *The Fable of the Bees* (London, 1989), 73-74.

[10] 世界银行，2010年。

[11] Tacitus, op. cit.

[12] Vitruvius, *On Architecture*, trans. Richard Schofield (London, 2009), 98.

[13] Nicole Dacos, *The Loggia of Raphael: A Vatican Art Treasure* (New York, 2008), 29.

[14] Alexandre Dumas, *Celebrated Crimes*, vol. 2 (London, 1896), 259.

[15] Geoffrey Harpham, *On the Grotesque: Strategies of Contradiction in Art and Literature* (Princeton, NJ, 1982), 30.

[16] Manfredo Tafuri, *Theories and History of Architecture* (London, 1980), 17. 本句中的着重号对应引文原文的强调部分。

[17] Ruskin, from *The Stones of Venice*, quoted in Geoffrey Scott, *The Architecture of Humanism: A Study in the History of Taste* (London, 1914), 121.

[18] http://www.vit.vic.edu.au/SiteCollectionDocuments1137_The-Effect-of-the-Physical-Learning-Environment-on-Teaching-and-Learning.pdf.

[19] Miles Glendinning and Stefan Muthesius, *Tower Block: Modern Public Housing in England, Scotland, Wales and Northern Ireland* (New Haven, CT, 1993), 322-323.

[20] Jonathan Meades, *Museum Without Walls* (London, 2012), 381-385.

[21] Owen Hatherley, *A Guide to the New Ruins of Great Britain* (London, 2010) and *A New Kind of Bleak: Journeys Through Urban Britain* (London, 2012), and Anna Minton, *Ground Control: Fear and Happiness in the Twenty First Century City* (London, 2012).

[22] Augustus Welby Pugin, *The True Principles of Christian Architecture* (London, 1969), 38.

[23] Adrian Forty, *Words and Buildings* (London, 2000), 299.

[24] Adolf Loos, *Ornament and Crime: Selected Essays*, trans. Michael Mitchell (Riverside, CA, 1998), 167.

[25] K. Michael Hays, *Modernism and the Post-Humanist Subject: The Architecture of Hannes Meyer and Ludwig Hilberseimer* (Cambridge, MA, 1992).

[26] Karl Marx, *The Eighteenth Brumaire of Louis Bonaparte*, trans. Saul K. Padover. http:// www.marxists.org/archive/marx/works/!$(#/!$th-brumaire/.

第三章　津加里贝尔清真寺，廷巴克图：建筑与记忆

[1] Robert Bevan, *The Destruction of Memory: Architecture at War* (London, 2006), 7.

[2] John Hunwick, *Timbuktu and the Songhay Empire* (London, 2003), 9.

[3] N. Levtzion and J.F.P. Hopkins (eds), *Corpus of Early Arabic Sources for West African History* (Cambridge, 1981), 271.

[4] Suzan B. Aradeon, "Al-Sahili: the historian's myth of architectural technology transfer from North Africa", *Journal des Africanistes*, vol. 59, 99-131.

[5] Walter Benjamin, trans. Harry Zohn, in *Selected Writings*, vol. 4: 1938-1940, eds Howard Eiland and Michael Jennings (Cambridge, MA, 2003), 391-392.

[6] Georges Bataille, "Architecture", trans. Dominic Faccini, *October*, vol. 60, Spring 1992, 25-26.

[7] Lewis Mumford, *The Culture of Cities* (London, 1938), 435.

[8] Bevan, 91.

[9] http://wais.stanford.edu/Spain/spain_1thevalledeloscaidos73103.html.

[10] James Young, "The Counter-Monument: Memory against Itself in Germany Today", *Critical Inquiry*, 18, 2, Winter 1992, 267-296, 279.

[11] Friedrich Nietzsche, *Untimely Meditations*, trans. R.J. Hollingdale (Cambridge, 1983), 62.

[12] Irina Bokova, "Culture in the Cross Hairs", *New York Times*, 2 Dec. 2012.

[13] Emily O'Dell, "Slaying Saints and Torching Texts", on jadaliyya.com, 1 Feb. 2013.

[14] Sona Stephan Hoisington, "'Ever Higher': The Evolution of the Project for the Palace of Soviets", *Slavic Review*, vol. 62, no. 1, spring 2003, 41-68, 62.

[15] John Ruskin, *The Seven Lamps of Architecture* (New York, 1994), 30.

[16] Neil MacFarquhar, "Mali City Rankled by Rules for Life in Spotlight", *New York Times*, 8 Jan. 2011.

[17] Felix Dubois, *Notre beau Niger* (Paris, 1911), 189.

[18] Mumford, 439-440.

[19] K. Michael Hays, *Modernism and the Posthumanist Subject: The Architecture of Hannes Meyer and Ludwig Hilberseimer* (Cambridge, MA, 1992), 65.

[20] 同前，第69页。

第四章　鲁切拉府邸，佛罗伦萨：建筑与商业

[1] Ayn Rand, *The Fountainhead* (London, 1994), 14.

[2] Richard Hall (ed.), *Built Identity: Swiss Re's Corporate Architecture* (Basel, 2007), 14.

[3] Anthony Grafton, *Leon Battista Alberti: Master Builder of the Italian Renaissance* (Cambridge, MA, 2000), 18-19.

[4] Ian Borden, Barbara Penner and Jane Rendell (eds), *Gender Space Architecture: An Interdisciplinary Introduction* (London, 2000), 263.

[5] Robert Tavernor, *On Alberti and the Art of Building* (New Haven, 1998), 83.

[6] Manfredo Tafuri, "The Disenchanted Mountain: The Skyscraper and the City", in *The American City: From the Civil War to the New Deal* (Cambridge, MA, 1979), 402.

[7] Leon Battista Alberti, *On the Art of Building*, trans. J. Rykwert, N. Leach and R. Tavernor (Cambridge, MA, 1988), 263.

[8] Mark Philips, *Memoir of Marco Parenti: A Life in Medici Florence* (Princeton, NJ, 1987), 190.

[9] 同前，第208页。

[10] David Ward and Oliver Lunz (eds), *The Landscape of Modernity: New York City 1990-1994*, (New York, 1992), 140.

[11] Philip Ursprung, "Corporate Architecture and Risk", in Hall, *Built Identity*, 165.

[12] Rand, 300.

[13] Cited in Tafuri, 519.

[14] William H. Whyte, *The Social Life of Small Urban Spaces* (Washington, 1980), 64-65.

[15] www.mori.co.jp/en/company/urban_design/safety.html.

[16] Marshall Berman, *All That is Solid Melts Into Air* (New York, 1987), 99.

第五章　圆明园，北京：建筑与皇权

[1] Ezra Pound, *Selected Poems* (London, 1977), 71-72.

[2] Jean-Denis Attiret, *A Letter from F. Attiret*, trans. Harry Beaumont (London, 1752). http://inside.bard.edu/~louis/gardens/attiretaccount.html.

[3] Craig Clunas, *Fruitful Sites: Garden Culture in Ming Dynasty China* (London, 1996), 102.

[4] Xiao Chi, *The Chinese Garden as Lyric Enclave* (Ann Arbor, MI, 2001), 134.

[5] 同前，第51页。

[6] A.E. Grantham, quoted in Geremie Barmé, "The Garden of Perfect Brightness: A

Life in Ruins", in *East Asian History*, no. 11, Jun. 1996, 129.

[7] Maggie Keswick, *The Chinese Garden* (London, 1976), 164.

[8] Cao Xueqin, *A Dream of Red Mansions*, vol.1, trans. Yang Xianyi and Gladys Yang (Beijing, 1994), 341.

[9] 同前，第310页。

[10] Attiret, op. cit.

[11] Jonathan Spence, *The Search for Modern China* (New York, 1990), 123.

[12] G.J. Wolseley, *Narrative of the War With China in 1860* (London, 1862), 280. http://www.archive.org/stream/narrativeofwarwioowols/narrativeofwarwioowols_djvu.txt.

[13] John Newsinger, "Elgin in China", in *New Left Review 15*, May–Jun. 2002, 119-140, 137. http://www.math.jussieu.fr/~harris/elgin.pdf.

[14] Newsinger, 134.

[15] William Travis Hanes and Frank Sanello, *The Opium Wars: The Addiction of One Empire and the Corruption of Another* (Illinois, 2002), 11-12.

[16] Newsinger, 137.

[17] 同前，第140页。

第六章 节日剧院，德国拜罗伊特：建筑与娱乐

[1] Walter Benjamin, *One-Way Street and Other Writings* (London, 1979), 120.

[2] Thomas Mann, "The Sorrows and Grandeur of Richard Wagner" in *Pro and Contra Wagner* (London, 1985), 128.

[3] Mark Twain, "Chapters from my Autobiography", *North American Review* (1906-1907), 247. http://www.gutenberg.org/files/19987/19987-h/19987-h.htm.

[4] Juliet Koss, *Modernism After Wagner* (Minneapolis, MN, 2010), 18.

[5] Anthony Vidler, *Claude-Nicolas Ledoux: Architecture and Social Reform at the End of the Ancient* Régime (Cambridge, MA, 1990), 168.

[6] 同前，第232页。

[7] Koss, 39.

[8] Ernest Newman, *The Life of Richard Wagner: Volume III, 1859-1866* (New York, 1941), 538.

[9] 同前，第251页。

[10] Koss, 50.

[11] 同前，第57页。

[12] 同前, 第65页。

[13] http://www.nietzschesource.org/#eKGWB/NF-1878,30[1].

[14] Nietzsche, *The Case of Wagner*, trans. Anthony Ludovici (Edinburgh and London,1911), 11.

[15] Theodor Adorno, *In Search of Wagner* (London, 1991), 85.

[16] 同前, 106页。

[17] Siegfried Kracauer, "Cult of Distraction: On Berlin's Picture Palaces", trans. Thomas Levin, *New German Critique*, no.40, winter 1987, 91-96.

[18] Kathleen James, *Erich Mendelsohn and the Architecture of German Modernism* (Cambridge, 1997), 163.

[19] Rem Koolhaas, *Delirious New York* (New York, 1994), 30.

[20] Siegfried Kracuaer, *The Salaried Masses*, trans. Quintin Hoare (London, 1998), 30.

[21] Karal Ann Marling (ed.), *Designing Disney's Theme Parks: The Architecture of Reassurance* (New York, 1997), 180.

第七章　高地公园汽车工厂，底特律：建筑与工作

[1] Louis Ferdinand Céline, *Voyage au bout de la nuit* (Paris, 1962), 223.

[2] Upton Sinclair, *The Flivver King* (Chicago, 2010), 16.

[3] Steven Watts, *The People's Tycoon: Henry Ford and the American Century* (New York, 2005), 384.

[4] 同前, 第118页。

[5] Sinclair, *The Flivver King*, 22.

[6] Watts, 156-157.

[7] Céline, 225-226.

[8] Federico Bucci, *Albert Kahn: Architect of Ford* (Princeton, 1993), 175.

[9] Charles Fourier, *Selections from the Works of Charles Fourier*, trans. Julia Franklin (London, 1901), 59. http://www.archive.org/stream/ selectionsfromwoofourgoog#page/n2/mode/2up.

[10] Charles Fourier, *The Theory of the Four Movements* (Cambridge, 1996), 132.

[11] Charles Fourier, *The Utopian Vision of Charles Fourier*, trans. Jonathan Beecher and Richard Bienvenu (London, 1972), 240.

[12] Fourier, *Selections*, 166.

[13] Carl Guarneri, *The Utopian Alternative: Fourierism in Nineteenth-Century*

America (Cornell, 1991), 185.

[14] 同前，第18页。

[15] Nathaniel Hawthorne, *The Blithedale Romance* (Oxford, 2009), 53-54.

[16] Francis Spufford, "Red Plenty: Lessons from the Soviet Dream", *Guardian*, 7 Aug. 2010.

[17] Fourier, *Selections*, 64.

[18] 同前，第66页。

[19] 同前，第166页。

第八章　E.1027，法国马丁岬：建筑与性

[1]　Ivan Žaknic, *The Final Testament of Père Corbu: A Translation and Interpretation of Mise au point* (New Haven, CT, 1997), 67.

[2]　Charles Baudelaire, *The Flowers of Evil*, trans. William Aggeler (Fresno, CA, 1954), 185.

[3]　Peter Adam, *Eileen Gray* (London, 1987), 217.

[4]　同前，第309—310页。

[5]　同前，第309页。

[6]　Sang Lee and Ruth Baumeister (eds), *The Domestic and the Foreign in Architecture* (Rotterdam, 2007), 122.

[7]　Adam, 220.

[8]　同前，第334页。

[9]　同前，第335—336页。

[10] Beatriz Colomina, "War on Architecture: E.1027", in *Assemblage*, no. 20, Apr. 1993, 28-29.

[11] Loos, 167.

[12] Beatriz Colomina, *Privacy and Publicity* (Cambridge, MA, 1994), 234.

[13] Walter Benjamin, "Surrealism" in Jennings and Eiland (eds), *Selected Writtings*, vol.2, part1, 1927-1930 (Harvard, 2005), 209.

[14] Ovid, *Metamorphoses*, trans. Brookes More (Boston, 1992).

[15] Sigmund Freud, *The Standard Edition*, vol. XVII (London, 1955), 237.

[16] Virginia Woolf, *A Room of One's Own* (London, 2004), 101-102.

[17] Adam, 257.

[18] Walter Benjamin, "The Destructive Character", trans. Edmund Jephcott, in *Selected Writings*, vol.2, part2: 1931-1934, ed. Michael Jennings, Howard Eiland

and Gary Smith (Cambridge, MA, 2005), 542.

[19] Berthold Brecht, "Ten Poems from a Reader for Those Who Live in Cities", in *Poems 1913-1956* (London, 1987), 131.

第九章 芬斯伯里医疗中心，伦敦：建筑与健康

[1] Marcel Proust, *Pleasures and Days*, trans. Andrew Brown (London, 2004), 6.

[2] *Sunday Telegraph*, 3 Jul. 1994.

[3] Elizabeth Darling, *Re-Forming Britain: Narratives of Modernity Before Reconstruction* (London, 2007), 54.

[4] Innes Pearse and Lucy Crocker, *The Peckham Experiment: A Study in the Living Structure of Society* (London, 1943), 241.

[5] Thomas Mann, *The Magic Mountain*, trans. John E. Woods (New York, 2005), 8.

[6] Paul Overy, *Light, Air and Openness: Modern Architecture Between the Wars* (London, 2007), 80.

[7] John Allan, *Berthold Lubetkin: Architecture and the Tradition of Progress* (London, 1992), 29.

[8] John Thompson and Grace Goldin, *The Hospital: A Social and Architectural History* (New Haven and London, 1975), 37.

[9] Christine Stevenson, *Medicine and Magnificence: British Hospital and Asylum Architecture, 1660-1815* (New Haven and London, 2000), 187.

[10] Thompson and Goldin, 159.

[11] Owen Hatherley, "Trip to an Exurban Hospital", on *Sit Down Man, You're a Bloody Tragedy*, 25 Jan. 2009. http://nastybrutalistandshort.blogspot.co.uk/2009/01/tripto-exurban-hospital.html.

[12] Allan, 366.

[13] 世界卫生组织，2012。http://www.who.int/tb/publications/factsheet_global.pdf.

第十章 人行桥，里约热内卢：建筑与未来

[1] Peter Godfrey, "Swerve with Verve: Oscar Niemeyer, the Architect who Eradicated the Straight Line", *Independent*, 18 Apr. 2010.

[2] Oscar Niemeyer, *The Curves of Time* (London, 2000), 3.

[3] Obituary of Oscar Niemeyer, *Daily Star of Lebanon*, 7 Dec. 2012.

[4] Mike Davis, *Planet of Slums* (London, 2006), 9.

[5] 同前，第19页。

[6] Catherine Osborn, "A History of Favela Upgrades", www.rioonwatch.org, 27 Sep. 2012. http://rioonwatch.org/?p=5295.

[7] 马克思在《莱茵报》上评论道默的《新时代的宗教》(*The Religion of the New Age*) 时使用了这个短语。*Neuen Rheinischen Zeitung*, no.2, Feb. 1850. http://www.mlwerke.de/me/me07/me07_198.htm.

[8] Rod Burgess, "Self-Help Housing Advocacy: A Curious Form of Radicalism", in *Self-Help Housing: A Critique*, ed. Peter Ward (1982), 55-97.

[9] David Harvey, *Rebel Cities* (London, 2012), 54.

参考文献

Adam, Peter, *Eileen Gray* (London, 1987)

Adorno, Theodor, *In Search of Wagner*, trans. Rodney Livingstone (London, 1991 edition)

Alberti, Leon Battista, *On the Art of Building*, trans. J. Rykwert, N. Leach and R. Tavernor (Cambridge, MA, 1988)

Allan, John, *Berthold Lubetkin: Architecture and the Tradition of Progress* (London, 2013)

Arnade, Peter, *Beggars, Iconoclasts, and Civic Patriots: The Political Culture of the Dutch Revolt* (Ithaca, NY, 2008)

Attiret, Jean-Denis, *A Letter from F. Attiret*, trans. Harry Beaumont (London, 1752) http://inside.bard.edu/~louis/gardens/attiretaccount.html

Banham, Reyner, *A Concrete Atlantis: US Industrial Building and European Modern Architecture, 1900-1925* (Cambridge, MA, 1986)

Barmé, Geremie, 'The Garden of Perfect Brightness: A Life in Ruins', in *East Asian History* no. 11, June 1996

Beckett, Samuel, *First Love* (London, 1973)

Bell, Gertrude, *Amurath to Amurath* (London, 1924), http://www.presscom.co.uk/amrath/amurath.html

—, *Diaries*, http://www.gerty.ncl.ac.uk/diary_details.php?diary_id=1176

Benjamin, Walter, *One-Way Street and Other Writings* (London, 1979)

—, *Selected Writings* ed. Michael Jennings, Howard Eiland and Gary Smith (Cambridge, MA, 2004–6)

Berman, Marshall, *All That is Solid Melts Into Air* (New York, 1987)

Bernhardsson, Magnus, *Reclaiming a Plundered Past: Archaeology and Nation Building in Modern Iraq* (Austin, TX, 2005)

Bevan, Robert, *The Destruction of Memory: Architecture at War* (London, 2006)

Brook, Daniel, 'The Architect of 9/11', *Slate*, September 10 2009, http://www.slate.com/articles/news_and_politics/dispatches/features/2009/the_architect_of_911/what_can_we_learn_about_mohamed_atta_from_his_work_as_a_student_of_urban_planning.html

Bucci, Federico, *Albert Kahn: Architect of Ford* (Princeton, 1993)

Burgess, Rod, 'Self-Help Housing Advocacy: A Curious Form of Radicalism', in *Self-Help Housing: A Critique*, ed. Peter Ward (London, 1982)

Carlson, Marvin, *Places of Performance: The Semiotics of Theatre Architecture* (Ithaca, NY, 1989)

Carlyle, Thomas, *The French Revolution* (London, 1966 edition)

Céline, Louis-Ferdinand, *Voyage au bout de la nuit* (Paris, 1962 edition)

Champlin, Edward, *Nero* (Cambridge, MA, 2003)

Chi, Xiao, *The Chinese Garden as Lyric Enclave* (Ann Arbor, MI, 2001)

Clunas, Craig, *Fruitful Sites: Garden Culture in Ming Dynasty China* (London, 1996)

Colomina, Beatriz, *Privacy and Publicity* (Cambridge, MA, 1994)

Conrad, Joseph, *Heart of Darkness* (London, 1994 edition)

Dacos, Nicole, *The Loggia of Raphael: A Vatican Art Treasure* (New York, 2008)

Darling, Elizabeth, *Re-Forming Britain: Narratives of Modernity Before Reconstruction* (London, 2007)

Davis, Mike, *Planet of Slums* (London, 2006)

de La Grange, Henry-Louis, *Gustav Mahler* (Oxford, 1995–2008)

Forty, Adrian, *Words and Buildings* (London, 2000)

Foucault, Michel, *Language, Counter-Memory, Practice*, trans. Donald Bouchard and Sherry Simon (Ithaca, NY, 1980)

Fourier, Charles, *Selections from the Works of Charles Fourier*, trans. Julia Franklin (London, 1901), http://www.archive.org/stream/selectionsfromwoofourgoog#page/n2/mode/2up

—, *The Theory of the Four Movements*, eds. Ian Patterson and Gareth Stedman Jones (Cambridge, 1996)

—, *The Utopian Vision of Charles Fourier*, trans. Jonathan Beecher and Richard Bienvenu (London, 1972)

Glendinning, Miles and Stefan Muthesius, *Tower Block: Modern Public Housing in England, Scotland, Wales and Northern Ireland* (New Haven, CT, 1993)

Harpham, Geoffrey, *On the Grotesque: Strategies of Contradiction in Art and Literature* (Princeton, NJ, 1982)

Harvey, David, *Rebel Cities* (London, 2012)

Hatherley, Owen, *A Guide to the New Ruins of Great Britain* (London, 2010)

—, *A New Kind of Bleak: Journeys Through Urban Britain* (London, 2012)

Hays, K. Michael, *Modernism and the Posthumanist Subject: The Architecture of Hannes Meyer and Ludwig Hilberseimer* (Cambridge, MA, 1992)

Hunwick, John, *Timbuktu and the Songhay Empire* (London, 2003)

Kayser, Wolfgang, *The Grotesque in Art and Literature* (Bloomington, IN, 1963)

Koolhaas, Rem, *Delirious New York* (New York, 1994)

Koss, Juliet, *Modernism After Wagner* (Minneapolis, MN, 2010)

Kracauer, Siegfried, 'Cult of Distraction: On Berlin's Picture Palaces', trans. Thomas Levin, *New German Critique* no. 40, winter 1987

—, *The Mass Ornament: Weimar Essays*, trans. Thomas Levin (Cambridge, MA, 1995)

—, *The Salaried Masses*, trans. Quintin Hoare (London, 1998)

Loos, Adolf, *Ornament and Crime: Selected Essays*, trans. Michael Mitchell (Riverside, CA, 1998)

Lusebrink, Hans Jürgen and Rolf Reichardt, *The Bastille: A History of a Symbol of Despotism and Freedom*, trans. Norbert Schürer (London, 1997)

Mandeville, Bernard, *The Fable of the Bees* (London, 1989)

Mann, Thomas, *The Magic Mountain*, trans. John E. Woods (New York, 2005)

Marx, Karl, *The Eighteenth Brumaire of Louis Bonaparte*, trans. Saul K. Padover, http://www.marxists.org/archive/marx/works/1852/18th-brumaire/

Meades, Jonathan, *Museum Without Walls* (London, 2012)

Minton, Anna, *Ground Control: Fear and Happiness in the Twenty First Century City* (London, 2012)

Mumford, Lewis, *The Culture of Cities* (London, 1938)

Newman, Ernest, *The Life of Richard Wagner* (New York, 1941)

Newsinger, John, 'Elgin in China', in *New Left Review* 15, May–June 2002, http://www.math.jussieu.fr/~harris/elgin.pdf

Niemeyer, Oscar, *The Curves of Time* (London, 2000)

Nietzsche, Friedrich, *The Case of Wagner*, trans. Anthony Ludovici (Edinburgh and London, 1911)

—, *Untimely Meditations*, trans. R.J. Hollingdale (Cambridge, 1983)

O'Dell, Emily, 'Slaying Saints and Torching Texts', on jadaliyya.com, 1 February 2013, http://www.jadaliyya.com/pages/index/9915/slaying-saints-and-torching-texts

Osborn, Catherine, 'A History of Favela Upgrades', www.rioonwatch.org, 27 September 2012, http://rioonwatch.org/?p=5295

Ovid, *Metamorphoses*, trans. Brookes More (Boston, 1922), http://www.perseus.tufts.edu/hopper/text?doc=Perseus%3Atext%3A1999.02.0028%3Abook%3D4%3Acard%3D55

Pevsner, Nikolaus, *Outline of European Architecture* (London, 1962)

Ruskin, John, *The Seven Lamps of Architecture* (New York, 1981 edition)

Rykwert, Joseph, *On Adam's House in Paradise: The Idea of the Primitive Hut in Architectural History* (Cambridge, MA, 1981)

Schwartz, Frederic, *The Werkbund: Design Theory and Culture Before the First World War* (New Haven, CT, 1996)

—, *Blind Spots: Critical Theory and the History of Art in Twentieth-Century Germany* (New Haven, CT, 2005)

Semper, Gottfried, *Style in the Technical and Tectonic Arts*, trans. Mallgrave and Robinson (Los Angeles, CA, 2004)

Sinclair, Upton, *The Flivver King* (Chicago, IL, 2010 edition)

Spence, Jonathan, *The Search for Modern China* (New York, 1990)

Spufford, Francis, *Red Plenty* (London, 2010)

Stevenson, Christine, *Medicine and Magnificence: British Hospital and Asylum Architecture, 1660–1815* (New Haven and London, 2000)

Suetonius, *The Lives of the Caesars*, trans. J.C. Rolfe (Cambridge, MA, 1914), http://penelope.uchicago.edu/Thayer/E/Roman/Texts/Suetonius/12Caesars/Nero*.html

Tacitus, *The Annals*, trans. Alfred John Church and William Jackson Brodribb (New York, 1942), http://classics.mit.edu/Tacitus/annals.mb.txt

Tafuri, Manfredo, 'The Disenchanted Mountain: The Skyscraper and the City', in *The American City: From the Civil War to the New Deal* (Cambridge, MA, 1979)

—, *Theories and History of Architecture*, trans. Giorgio Verrecchia (London, 1980)

Tavernor, Robert, *On Alberti and the Art of Building* (New Haven, 1998)

Thompson, John and Grace Goldin, *The Hospital: A Social and Architectural History* (New Haven and London, 1975)

Thoreau, Henry, *Walden* (Oxford, 2008 edition)

Vidler, Anthony, *Claude-Nicolas Ledoux: Architecture and Social Reform at the End of the Ancien Régime* (Cambridge, MA, 1990)

Vitruvius, *On Architecture*, trans. Richard Schofield (London, 2009)

Watts, Steven, *The People's Tycoon: Henry Ford and the American Century* (New York, 2005)
Whyte, William H., *The Social Life of Small Urban Spaces* (Washington, 1980)
Wolseley, G.J., *Narrative of the War With China in 1860* (London, 1862), http://www.archive.
org/stream/narrativeofwarwioowols/narrativeofwarwioowols_djvu.txt
Woolf, Virginia, *A Room of One's Own* (London, 2004 edition)
Xueqin, Cao, *A Dream of Red Mansions* trans. Yang Xianyi and Gladys Yang (Beijing, 1994)
Young, James, 'The Counter-Monument: Memory against Itself in Germany Today', *Critical Inquiry*, 18, 2, winter 1992

致 谢

首先要感谢伊莎贝尔·威尔金森（Isabel Wilkinson），是她让我萌生了写作这本书的想法。还要感谢彼得斯·弗雷泽与邓洛普（Peters Fraser and Dunlop）代理公司的雷切尔·米尔斯（Rachel Mills）、安娜贝尔·梅若罗（Annabel Merullo）和蒂姆·宾丁（Tim Binding），他们的鼓励（和无法抗拒的魅力），让我将想法落到实处。感谢布鲁姆斯伯里（Bloomsbury）出版社理查德·阿特金森（Richard Atkinson）的约稿，以及以热情与专业协助我完成书稿的比尔·斯温森（Bill Swainson）。特别感激伦敦大学学院（University College London）的弗雷德·施瓦兹（Fred Schwartz）教授，在我逃避学业责任的时候，施瓦兹教授曾给予我耐心与支持，并以自己的作品为我树立了严谨的楷模，但愿我没有太过低于他的标准。感谢陈步云在纽约的款待和针对圆明园给出的专业建议（这一章的任何纰漏，当然均是我本人之过），以及史蒂夫与海伦·贝克（Steve and Helen Baker）对翻译赛琳著作的协助。《建筑评论》（*Architectural Review*）杂志的同事也给予了我各种各样的帮助，尤其感谢菲

尔（Fiell）夫妇对我的指导。最后，感谢艾比·威尔金森（Abi
Wilkinson）和娜塔莉·兹德洛耶夫斯基（Nathalie Zdrojewski）
帮助我走出了时而陷入低谷的几年，感谢欧文·基芬（Owen
Kyffin）提出的宝贵建议，以及底特律旅社（Hostel Detroit）载
我前往福特胭脂河工厂的先生。